人 类 世

——多学科交叉研究

〔美〕朱莉娅·阿德尼·托马斯
〔英〕马克·威廉斯　　　　　著
〔英〕简·扎拉希维茨

谭亮成　王甜莉　车乒　译

科学出版社

北　京

图字：01-2020-6183 号

The Anthropocene: A Multidisciplinary Approach

Julia Adeney Thomas   Mark Williams   Jan Zalasiewicz

图书在版编目（CIP）数据

人类世：多学科交叉研究/（美）朱莉娅·阿德尼·托马斯（Julia Adeney Thomas），（英）马克·威廉斯（Mark Williams），（英）简·扎拉希维茨（Jan Zalasiewicz）著；谭亮成，王甜莉，车乒译. —北京：科学出版社，2022.9
书名原文：The Anthropocene: A Multidisciplinary Approach
ISBN 978-7-03-072504-2

Ⅰ．①人… Ⅱ．①朱… ②马… ③简… ④谭… ⑤王… ⑥车…
Ⅲ．①人类活动影响-地球-研究 Ⅳ．①P183 ②P461

中国版本图书馆 CIP 数据核字（2022）第 099248 号

责任编辑：孟美岑 张梦雪/责任校对：何艳萍
责任印制：吴兆东/封面设计：北京图阅盛世

科学出版社 出版
北京东黄城根北街 16 号
邮政编码：100717
http://www.sciencep.com

北京中科印刷有限公司 印刷
科学出版社发行 各地新华书店经销
＊
2022 年 9 月第 一 版 开本：720×1000 1/16
2024 年 2 月第三次印刷 印张：11 1/4
字数：210 000
定价：128.00 元
（如有印装质量问题，我社负责调换）

献给最先提出"人类世"和"大加速",并做出开创性贡献的保罗·克鲁岑(Paul Crutzen)、约翰·麦克尼尔(John McNeill)和威尔·斯特芬(Will Steffen)。

作 者 简 介

朱莉娅·阿德尼·托马斯（Julia Adeney Thomas）　　圣母大学历史系副教授。已出版的专著有《重构现代化——日本政治意识形态中的自然观》（*Reconfiguring Modernity：Concepts of Nature in Japanese Political Ideology*，2001 年出版，获费正清奖）、《自然边缘的日本：全球强国的环境背景》（*Japan at Nature's Edge：The Environmental Context of a Global Power*，2013）、《反思历史的距离》（*Rethinking Historical Distance*，2013）和《可视化法西斯主义：20 世纪全球右翼的崛起》（*Visualizing Fascism：The Twentieth-century Rise of the Global Right*，2020）。托马斯的专长领域是日本思想文化史、全球史、摄影学和环境学。

马克·威廉斯（Mark Williams）　　莱斯特大学的古生物学教授。他和简·扎拉希维茨是国际地层委员会人类世工作组的创始成员，专注于量化人为因素导致的生物圈变化的研究。两人曾合著出版了《金发姑娘星球》（*The Goldilocks Planet*，2012）、《海洋世界》（*Ocean Worlds*，2014）和《骨架：生命的框架》（*Skeletons：The Frame of Life*，2018）。

简·扎拉希维茨（Jan Zalasiewicz）　　莱斯特大学的古生物学教授，国际地层委员会人类世工作组主席。他是一位野外地质学家和古生物学家，主要研究距今 5 亿多年前地质时期的岩石和化石。著作包括《我们身后的地球》（*The Earth after Us*，2008）、《卵石中的行星》（*The Planet in a Pebble*，2010）和《牛津通识读本：岩石》（*Rocks：A very Short Introduction*，2016），以及与马克·威廉斯合著的书籍。

内 容 简 介

　　"人类世"是科学界正在解决的难题，同时也给政治、社会、经济等的发展带来了许多困扰。人们要想在人与自然相互作用的地球环境中得以持续发展，首要条件即是全面理解"人类世"。本书以地质概念为出发点，从物理到地貌变化，再到气候变暖，以及生物圈变化等，多视角阐释人类世的概念及全球体现，继而突出强调"人类"在"人类世"中的作用。并回顾人类历史，梳理"人类"活动对经济和政治稳定发展的影响。最后以地球将面临的生存和挑战为结尾，呼吁科学家和公众高度重视"人类世"相关问题，多学科交叉共同抵抗这一挑战。

　　本书读者对象为高校和科研院所地质学、环境学等相关专业的科研工作者。

中文版序

The Anthropocene: A Multidisciplihary Approach 中文译本的面世恰逢 2022 年，这是一个令人激动的年份。国际人类世工作组（AWG）于今年最终确定了关于建立"人类世"为新地质时代的正式提案。该提案最早可能在 2023 年 1 月完成。届时，证实 20 世纪中叶人类活动在地球地质沉积层中留下了确切印记的证据将被一一呈现，人类世起始的确切时间也将被确定。人类将曾经的公共领域改造成智人专属领地的过程中，在地球表面留下了各种活动印记，而且还将继续在水、陆地、空气和其他生命体中"盖章"。地球上每年都会增加越来越多的颗粒物、塑料、放射物、技术化石以及大量其他碎片，然而其他物种留下的印记却越来越少。简单地认为这种情况不太理想未免言之过轻。实际上，我们的专属领地，即这个人类世地球，并不利于人类的繁衍，因为我们需要瀑布、土壤、树木、鸟类、昆虫以及无机和有机物的循环，就像我们需要彼此一样。然而人类世地球是什么模样呢？你可以想象一下明代著名画家沈周的杰作《杖藜远眺图》①，但是画中没有山，没有松树，也没有翻涌的云海，只有诗人被放逐于鳞次栉比的楼房之间，水流在层层混凝土的禁锢中流淌。

如本书所述，国际人类世工作组正在评估 12 个可以作为人类世"金钉子"或全球界线层型剖面和点（global boundary stratotype section and point，GSSP）的地点，它们是标志地质新时代开始的必要参照点。其中一个"金钉子"的候选剖面位于中国东北的吉林省。从四海龙湾湖底采集的岩心中不仅有 20 世纪中叶核试验和烟炱含量上升的证据，还记录了重金属、球形飞灰颗粒以及可以表征化石燃料燃烧的碳同位素偏负的变化。这种由人类活动导致的地层变化是全球现象在局部的体现。这项研究由中国科学院地球环境研究所的地球化学家韩永明牵头组织。中国科学家在探索和证实人类世的其他方面也一直努力冲在最前沿。我们有幸与谭亮成教授合作，他是本书的译者，更重要的是他是中国地质学会人类世研究分会的秘书长、中国科学院地球环境研究所洞穴实验室的负责人。和四海龙湾岩心的研究一样，每一位关注当前地球生存挑战的科学家的研究区域虽然是局地的，但却在为全球变化发声。

国际人类世工作组一旦提交正式提案，必须通过上级地层委员会的层层审查。这项严格的审查流程耗时很长。如果人类世提案正式通过，虽不确定，但也许几

---

① 《杖藜远眺图》英文名为 Poet on a Mountaintop，直译为《山顶上的诗人》。——译者注

年之后人类世就将被添加到地质年代表中，成为地球 45 亿年历史上距离现在最近的时代。

　　然而，仅仅在地质学上研究人类世是远远不够的。正如"人类世"一词所暗示的，以及本书所论证的，人类世不仅仅是科学家们感兴趣的事。它是地质历史上的一个时代，也是人类历史上的一个时代。人类世的成因并非人类之外的力量，而是人们的行为，以及不断增长的人口数量和需求。地球历史和人类历史在人类世交会，这种碰撞意味着我们需要多种形式的知识去理解人类世——政治、经济、人类学、历史和哲学，以及地质学、地球系统科学、化学、生物学和物理学等。本书最大限度涵盖了这些领域。人类作为一个非常成功的物种，其赖以征服自然的一系列非凡能力历经千年的磨炼，在 70 年前才最终成形。因此你会发现，本书对人类世的探讨既置于人类历史长河的背景之中，又置于近期人类经济和技术增长全球化及大加速的时代背景之下。现在，中国读者能够有机会品评我们的研究，这令我们备感高兴，也荣幸之至。

　　自 2020 年本书英文版出版以来，我们分头研究也通力合作，致力于从科学和人文角度分析、厘清并解释人类世的概念。我们与作家阿米塔夫·高希（Amitav Ghosh）、地质学家弗朗辛·麦卡锡（Francine McCarthy）、历史学家凯特·布朗（Kate Brown）和地球系统科学家威尔·斯特芬（Will Steffen）等人共同撰写了《改变的地球：让人类世步入正轨》（剑桥大学出版社，2022 年）（*Altered Earth: Getting the Anthropocene Right*）。在该文集中，马克（Mark）率先提出"互惠（mutualistic）城市"的概念，意指基于可再生的自然-人类循环原则而建，很少或几乎不产生废弃物的城市。本书的两位合作者，马克·威廉斯（Mark Williams）和简·扎拉希维茨（Jan Zalasiewicz），刚刚出版了《宇宙绿洲》（*The Cosmic Oasis*）一书，试图将生物圈的近期转变放置在悠久深远的地球历史中加以探讨。朱莉娅·阿德尼·托马斯（Julia Adeney Thomas）最近在 *ISIS* 杂志上为科学历史学家撰写文章，提出了一个令人忧心的观点，即人类世是不受现有经济和政治机构控制的由人类和地球系统组成的一个新集体。这些持续不断的工作表明，要理解人类世及其影响，以及如何减少这些影响，还有很多工作要做。我们希望这本书的多学科研究可以吸引更多的读者加入到这一行列中来。

　　　　　　朱莉娅·阿德尼·托马斯　马克·威廉斯　简·扎拉希维茨

前　言

　　"人类世"与"气候变化""全球变暖""环境问题""污染"或其他众多与地球变化相关的术语不同。本质上，"人类世"是一个地质概念，它整合了各种地质现象，并将其放置于地球深时尺度中，用以说明地球最近突然发生的变化。这一术语于 2000 年由诺贝尔奖获得者、大气化学家保罗·克鲁岑（Paul Crutzen，1933—2021）在非正式场合提出，生物学家尤金·施特默（Eugene Stoermer，1934—2012）也曾独立提出这一概念，它指代一个由人类活动造成的地质新时期。本书中有大量的证据表明，拥有 45.4 亿年历史的地球在 20 世纪中叶进入了一个独特的新纪元。复杂而完整的地球系统已经从约 11700 年前开始的、相对稳定的全新世时期，进入了另一个不太稳定且正在演化的新时期。在这一时期，很多方面的变化在地球历史上都是史无前例的，而且不像全新世那样是增进人类福祉的。实际上，越来越多的证据表明过去 1 万年来，我们的生活发生着许多非常迅速且糟糕的变化：海平面不断上升，空气中二氧化碳（CO_2）和颗粒物逐渐增多，全球生物的多样性正在瓦解。而且可以肯定的是，不久后的气候会变得比智人历史上任何时期的气候都热。在未来几年，养育、庇护并推动我们发展的地球系统将承受更大的压力。

　　目前，地质学界正在为人类世的正式提出积累证据。2016 年，人类世工作组（Anthropocene Working Group，AWG）的绝大多数成员都投票赞成这一提议。2019 年，不记名投票结果显示 88%的工作组成员就之前的提议达成共识，认为地球已经进入了一个以独特的全球性地层为标志的新纪元。在过去的七八十年，人口激增、全球化和工业化是地球变化的主要原因。如果人类世被正式采用，它将成为地质年代表（geological time scale，GTS）上与始新世和更新世齐名的地质年代单位。

　　地质年代表是地质学家将地球的悠久历史进行可视化的一种方式。表中利用层级体系的单位划分方式帮助我们理解随时间发生的变化，从相对较短的期（age）到较长的世（epoch），再到更长的纪（period），这些都包含在极长的代（era）中，最后组成可能超过十亿年的宙（eon）。正如目前提出的那样，人类世是一个潜在的世，它标志着一个比期大、比纪小的地球变化时期。如果得到国际地层委员会的认可，"人类世"将被插入图 1 的顶部，位于"全新世"的上方。如果你想写信给地质年代的某个时间点，而不是地球上的某个地方，那么我们今天的临时住所是显生宙-新生代-第四纪-人类世早期。虽然这个地址很烦冗，但它可以为星球邮递提供明确的方向。

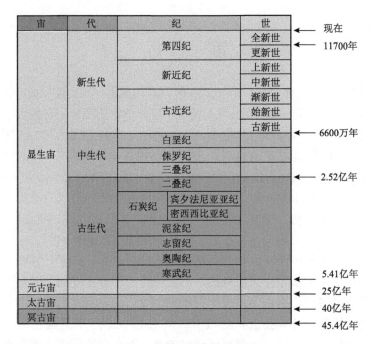

宙	代	纪		世	
					← 现在
		第四纪		全新世	
				更新世	← 11700年
	新生代	新近纪		上新世	
				中新世	
		古近纪		渐新世	
				始新世	
				古新世	← 6600万年
显生宙	中生代	白垩纪			
		侏罗纪			
		三叠纪			← 2.52亿年
	古生代	二叠纪			
		石炭纪	宾夕法尼亚亚纪		
			密西西比亚纪		
		泥盆纪			
		志留纪			
		奥陶纪			
		寒武纪			← 5.41亿年
元古宙					← 25亿年
太古宙					← 40亿年
冥古宙					← 45.4亿年

图 1　地质年代表的简化版

注：图中显示全新世始于 11700 年前；图中仅详细列出了新生代

　　人类世是地球历史上一个非常新的时期，要想理解它，需要把它放置在地球
45.4 亿年的历史背景中，然后追溯数百万年来不同生命形式的出现过程。这段历
史的主人公——智人（大约在 30 万年前完成了进化）逐渐成了地球上的主宰力量，
最终在 20 世纪中叶成为改变地球的物种。实际上，我们今天看到地球系统的巨大
变化正发生在我们每个人的生命中。文化、政治、社会经济因素以及技术变革正
以前所未有的速度不断地给地球施加压力，使其超出了全新世的范式。想要理解
这一人为影响，需要了解人类的深远历史。尽管这段历史没有地球历史深远，但
却见证了人类强大力量的崛起。所有加速地球变化或抵制地球发展轨迹遭受破坏
的思想、发明、政治和经济体系，都是人类世的故事。换句话说，要想应对人类
世，我们需要徜徉在浩瀚的地质时期及其进程中，并在更为精细的时间标尺上深
入研究人类行为和制度的复杂性与特殊性。因此，我们呼吁从多学科角度理解人
类世。

　　首先，本书需要说明为什么使用多学科（multidisciplinary）比跨学科
（interdisciplinary）更为精确（Jensenius 2012）。跨学科是综合协调各种研究方法，
每个人最终都会提出相同的问题，并用协调一致的认知方式来解决问题。例如，

蚁学家 E. O. 威尔逊（E. O. Wilson 1998）主张"知识大融通"，即知识的跨学科统一。而多学科意味着不同学科的人共同解决同一问题，在本书中即为将人类世作为地质新时期建立的问题。参与多学科对话需要应对不同视角之间的摩擦，因为它们是不同时空尺度下截然不同的方法、问题和资料，用单一的学科无法捕捉到复杂的整体。所以，多学科方法对我们来说很重要，因为人类世本身就是多方面、多尺度的，是多种人类活动的产物。有些活动的起源悠久，如我们祖先对火的掌控；也有一些活动最近才兴起，如大众旅游业。将地球系统和人类活动分开讨论的假设将会误导我们对现在正在发生的事情的理解。如果认为地质学家、社会科学家和人文学者的研究规模、方法和问题之间没有区别，那就是把地球现在的境况想得过于简单化，并以为单一理解方式或者单个方案就可以解决这一问题。

在解释过方法的选取之后，我们将讲述地球的深时历史以及人类世的发展背景。在第 2 章和第 3 章，我们将讨论人类世的地质背景及地质年代单位和大加速，解释人类世作为一个时间单位的概念是如何产生的，以及其背后的依据。第 4 章和第 5 章将分别探讨地球系统的两个关键部分：气候和生物圈。它们都会影响并会收到人类活动的反馈。事实上，根据地球系统科学，地球是一个综合系统，在这个系统中，大气圈、水圈、冰冻圈、岩石圈、土壤圈和生物圈（当然也包括人类）以复杂的方式交互影响。从这个角度来看，人们在周六吃到的番茄，离不开土壤、岩石、冰、水和空气数十亿年以来的运转。现代有许多先驱研究关于地球综合系统的观点，地球系统科学家蒂姆·伦顿（Tim Lenton 2016，p. 5）将该观点追溯到了 20 世纪 60 年代至 70 年代初科学家詹姆斯·洛夫洛克（James Lovelock）和微生物学家林恩·马古利斯（Lynn Margulis）提出的盖亚假说。这种将系统科学运用于地球的方法在 20 世纪 80 年代被命名为"地球系统科学"，当时美国国家航空航天局（National Aeronautics and Space Administration，NASA）正在关注"人为驱动的臭氧消耗和气候变化"（Steffen et al. 2020，p. 56）。1986 年，美国国家航空航天局开发了布雷瑟顿结构图（Bretherton Diagram），显示人类活动在地球物理和生物进程中起着不可或缺的作用（National Research Council 1986），该示意图是"随后地球系统研究项目被概念化的重要驱动力"（Mooney et al. 2013，p. 3666）。20 世纪 90 年代以来，计算机的发展促使科学家开始用更复杂的方式模拟地球的复杂系统，不过这远远不够。随着证据的逐渐积累，地球系统科学家开始意识到，地球已不再按照全新世的方式运转。2000 年，在墨西哥由地球系统科学家（而不是地质学家）举行的研讨会上，保罗·克鲁岑即兴提出了"人类世"一词。

几年后，地质学家加入人类世的研究阵营，初步分析结果显示将"人类世"作为新的地质时期具有合理性。随着对人类世研究关注度的日益提高，2009 年，国际人类世工作组成立并投入工作。由于人类因素的空前重要性，工作组中除了地质学家外，还吸纳了一批地球系统科学家、考古学家、历史学家和法律学者。经过大量的证据收集和激烈的辩论，工作组成员逐渐达成共识，认为人类活动的确导致地球系统轨迹的改变，并在地层上留下了永久印记。根据工作组于 2019 年发布的官方声明："（人类活动导致的）许多变化将持续数千年或更长时间，有些影响是永久性的，它们正在改变地球系统的轨迹。这些将反映在大量正在沉积的地层中，有可能会保存至遥远的未来"。他们宣布，将人类世的开端"定在 20 世纪中期最为妥当，这与保存在最近沉积的地层中的一系列地学指标信号变化，以及人口增长、工业化和全球化'大加速'信息相吻合"（Working Group on the "Anthropocene", Subcommission on Quaternary Stratigraphy 2019；Zalasiewicz et al. 2019b）。

　　所有这些都表明，尽管人类世本质上是个地质概念，但它的背景、起源和影响不能仅仅通过地质学，或者是仅仅通过自然科学来理解。我们需要打开布雷瑟顿结构图中标注为"人类活动"的方框，分析其内容。第 6 章便是应对这一挑战，从古人类学、考古学、人类学和历史学的角度探索人类世中的人类因素。第 7 章主要讨论行星极限的经济学和政治学。我们提出通过多渠道获取知识的方法有助于解除人类所面临的前所未有的生存危机。简而言之，多学科研究方法的中心论点是即便用人类世包罗万象的现实，也无法讲述一个完整的星球故事。回顾过去的方式有很多种，我们希望前进的方式也不止一种。

　　写作中，我们虽尽己所能，但仍未涵盖到所有可以促进理解人类世概念的模式。例如，我们很少谈及可能会对我们有帮助的视觉艺术或音乐、宗教或伦理、心理学或诗歌，抑或是沉积学、工程学和地球物理学的相关方法。我们是想让它们加入进来，并非想把它们排斥在外。就人类世而言，这本书永远无法言尽。自然科学和人文知识网在这里汇聚，虽然历经了数个世纪，甚至数千年，但仍没有一个确凿的证据证实人类世是通过一系列复杂因素孕育而成的。20 世纪的人口增长、全球化和经济发展，以及财富和权力的日益分化，就像是点燃了一个蓄势已久的火药桶，推动地球系统超越了全新世的范式。这并非要简化对人类世的理解，而是要使这一理解像人类的力量和产生人类力量的作用力一样丰富、复杂且充满张力。

　　对我们而言，创作人类世这幅多学科的肖像画是一次有趣且值得尝试的冒险。就像把油和水放在一起一样，两位英国地质学家和一位美国日本思想史学家在一起工作可能会大错特错。可能会因为互不理解而产生对峙，或者由于个性不同为各种事情而怒气大发，不过这些情况都没有出现。尽管我们三个人的特长和兴趣不同，但我们对当今世界面临的核心挑战具有相同且深刻的认识。我们都希望尊重证据，了解地球和人类环境，也都意识到了传播人类世意义的紧迫性和重要性。令我们喜出望外的是，政体出版社在与我们合作出版的过程中，竟然洞察了这一切。

　　我们认为多学科之间的交流不应该是流畅的、无缝衔接式的。所以，在之后的章节中，同一个词在不同学科中含义不同。以"地球"（Earth）一词为例，对科学家来说，地球（Earth）是太阳系中的一颗行星，首字母应该大写；而对于人文学者和社会科学专家来说，"地球"（earth）可能是人类居住的世界、社会或者活动领域，是一处有生物栖息的地方。当哈姆雷特（Hamlet）对他的朋友说："天地间有许多事情是你的睿智所无法想象的，霍拉肖（Horatio）"，他并非在观测太阳系第三颗行星的高层大气。再如，历史学家和地质学家都想把时间划分成不同的研究单元，会为前后两个相邻时刻的关系而焦虑。但是，"革命"（revolution）、"时代"（age）和"纪元"（epoch）这些词在历史学和地质学中的含义是完全不同的。地质学家认为，在埃迪卡拉纪和随后的寒武纪之间，发生过一场"革命"。但很少有历史学家用这个词来形容时长超过一个世纪的事件，更不用说持续时间长达 3000 万年的事件了。考虑到持续时间之长，即使在哲学家汉斯·加达默尔（Hans Gadamer）那儿，把这种事情称为"事件"也是有问题的。另外，论据的建构也不同，当谈及人类学、历史学以及其他社会科学和人文科学的争论时，我们通常会引用他人的话，原因在于其语言的特殊性，以及他们与其他作家的共鸣。价值观在人文学者团体中占据核心地位，因此，有说服力的论据往往依赖于精确而有说服力的话语选择，而不是客观的证据和实验。然而，在自然科学领域，学者会引用参考文献认可他人的工作，但不会有大量复述。

　　不过，最值得注意的是我们三个人之间的合作方式，我们都通过分类别和分概念组织证据回应特定问题。例如，地质年代表上的时间间隔，包括新提出的人类世是理解地球变化及变化原因的方式，在社会科学和人文科学中也同样如此，诸如"起源""文化""经济系统"等概念是理解人类社会连续性和变化的方式。无论是来自岩石、文物还是档案，证据都至关重要，但用以组织证据的类别和概念并不是证据本身具有的，它们是在学科内外跨越世代的对话和辩论中形成的。有时，会有个别人灵光一现，提出一个新概念（如"人类世"）帮助我们理解证据。我们希望通过人类作用力与不同学科领域之间看似不可能的结合方式，绘制出一幅展现正在不断变化的地球的全貌图，或许在不经意间，我们会共同推动"人类世"迈上新的台阶。

致　谢

衷心感谢我们的合作者为本书的顺利创作提供的慷慨帮助，他们是加雷思·奥斯汀（Gareth Austin）、伊恩·鲍科姆（Ian Baucom）、多米尼克·博耶（Dominick Boyer）、凯特·布朗（Kate Brown）、迪佩什·查卡拉巴提（Dipesh Chakrabarty）、丽兹·查特吉（Liz Chatterjee）、洛兰·达斯顿（Lorraine Daston）、费比安·德里克斯勒（Fabian Drixler）、托马斯·许兰德·埃里克森（Thomas Hylland Eriksen）、德比亚尼·甘古利（Debjani Ganguly）、玛尔塔·加斯帕林（Marta Gasparin）、阿米塔夫·高希（Amitav Ghosh）、凯尔·哈珀（Kyle Harper）、加布丽埃勒·赫克特（Gabrielle Hecht）、西门内·豪（Cymene Howe）、德布拉·贾夫林（Debra Javeline）、弗雷德里克·奥尔布里顿·琼森（Fredrik Albritton Jonsson）、布鲁诺·拉图尔（Bruno Latour）、蒂姆·伦顿（Tim Lenton）、托拜厄斯·曼妮（Tobias Menely）、安妮·索菲娅·米隆（Anne Sophie Milon）、约翰·帕尔梅西诺（John Palmesino）、布姆·舜·帕克（Buhm Soon Park）、普拉桑南·帕塔萨拉蒂（Prasannan Parthasarathi）、肯·波梅兰兹（Ken Pomeranz）、于尔根·雷恩（Jürgen Renn）、安-索菲·隆斯科格（Ann-Sofi Rönnskog）、克里斯托夫·罗索尔（Christoph Rosol）、阿德里安·拉什顿（Adrian Rushton）、贝恩德·谢勒（Bernd Scherer）、朱莉·朔尔（Julie Schor）、罗伊·斯克兰顿（Roy Scranton）、埃米莉·塞金（Emily Sekine）、丽莎·西德里斯（Lisa Sideris）、约翰·西斯（John Sitter）、丹·斯梅尔（Dan Smail）、罗布·韦勒（Rob Weller）、杨安迪（Andy Yang），以及人类世工作组的许多同事，包括雅克·格里内瓦尔德（Jacques Grinevald）、彼得·哈夫（Peter Haff）、马丁·海德（Martin Head）、科林·萨默海斯（Colin Summerhayes）、科林·沃特斯（Colin Waters）和达沃尔·维达斯（Davor Vidas）。我们要特别感谢斯蒂芬·M. 扎维斯托斯基（Stephen M. Zavestoski）对手稿的仔细阅读，还要感谢利·米勒（Leigh Mueller）严谨耐心的编辑工作，以及对这项工作给予支持尚未列入名单中的许多人。

朱莉娅·阿德尼·托马斯（Julia Adeney Thomas）衷心地感谢圣母大学刘氏亚洲与亚洲事务研究所（the University of Notre Dame's Liu Institute for Asia and Asian Studies）、克罗克研究所（the Kroc Institute）和文科奖学会（the Institute for Scholarship in the Liberal Arts）的资助。

目　　录

第 1 章　多学科人类世

亚历山大·冯·洪堡（Alexander von Humboldt，1769—1859）是普鲁士著名的博学家，例证了理解人类世的复杂性需要将自然科学和人文科学相融合。作为一名勇敢无畏的探险家，他走遍了西伯利亚和南美洲，收集了物种、空气温度、海水盐度等大量信息。他的目标是将这些资料整合到全球的图案中，他认为只有通过这些大型图案，才能理解诸如气候、海洋环流、地震、火山和地磁等现象。为了达到全球视野，他深入研究了各类游记，采访了土著居民，收集了水手的奇闻逸事，最终建立了一个可以提供数据信息的全球网络。他的兴趣爱好同样带有人文和政治色彩，正如他对形形色色的动植物着迷一样，文化差异、各种观念和习俗也令他着迷。他认为世界上所有民族同属一个人种，没有任何一个民族和文化优越于或能支配其他民族和文化。洪堡的思想超前于他所处的时代，是一个"充满热情、直言不讳的反帝国主义、反殖民主义和反奴隶制者"（Jackson 2019，p. 1075）。一方面，他提出了准确、系统地衡量和描述自然的重要方法；另一方面，他很欣赏那些赋予人类生命丰富意义的，但与之并不相称的社会观念、神明观念和时间观念。总之，他兼顾数据性和叙事性，这种兼顾真实性、广泛性和包容性的多学科研究范式是现今研究人类世的最佳方法。

人类世自出现以来就具有多学科特性。各个领域的自然科学家，连同社会科学家、人文学者、文艺评论家、艺术家、新闻工作者和社会活动家很早便意识到地球正在发生一些奇怪的变化，并试图用自己的方式去理解地球是如何以及为何变化的。从这些角度来看，曾经无边无际、丰裕富饶的地球已变得局限、污浊，并趋于陌生化。正如后续章节将提到的，一些先行家很早便认识到人类活动已经急剧改变了地球系统，包括 18 世纪的法国博物学家乔治斯-路易·勒克莱尔（即布丰伯爵）（Georges-Louis Leclerc, the comte de Buffon, 1707—1788）、19 世纪的文艺评论家约翰·拉斯金（John Ruskin，1819—1900）和俄罗斯科学家弗拉基米尔·维尔纳茨基（Vladimir Vernadsky，1863—1945）。最近，科学记者安德鲁·列夫金（Andrew Revkin）、考古学家马特·埃奇沃思（Matt Edgeworth）、科学史学家内奥米·奥雷斯克斯（Naomi Oreskes）、社会活动家格蕾塔·通贝里（Greta Thunberg）和历史学家约翰·麦克尼尔（John McNeill）等也注意到了地球的急剧变化。在记者比尔·麦吉本（Bill McKibben）看来，我们已经不在地球上生活了，而是生活在一个"变异地球"（Eaarth）上（McKibben 2010）。虽然评估地层和地球系统变化的证据是地质学家的工作，更广义上讲是地球系统科学家的工作，但人类活动是如何以及为何将地球推向危险轨道的,这与每个人都息息相关。同样,虽然是否将人类世增设到地质年代表中是由地球科学界决定的,但是如何在持续恶化陌生的环境中生存却是我们每一个人都需要考虑的。"变异地球"需要我们从尽可能广泛的资源中获取新知识。

大多数人对我们所面临的前所未有的地球变革有所了解。美国国家航空航天局表示,现今大气中的CO_2含量比过去80多万年(人类进化之前)的含量都高,正在造成大气变暖。现今,日渐陌生的地球上出现了19.3万多种人造"无机晶体化合物"(inorganic crystalline compounds),远远超过了地球上的天然矿物量(约5000种);塑料也远超83亿t之多;近60年来,固定氮的含量翻倍,氮循环受到的影响比过去25万年来都快;放射性核试验和发电工作衍生了新型核辐射;生物圈也在发生快速变化等。同样,人类社会正在发生急剧变化,通信、运输和制造系统的全球化程度前所未见。地球上空前拥挤,1900年,地球人口约15亿;到20世纪60年代,约30亿;而现今已超过了78亿。"人类总量"(anthropomass)[如瓦科拉夫·斯米尔(Vaclav Smil)所定义的]和驯养动物数量占据陆生哺乳动物总数量的97%,使得野生哺乳动物占比仅有3%(Smil 2011,p. 617)。以前也从未有这么多人居住在城市中,尤其是大城市,如广州现有2500万人(原书数据有误,根据广州市统计局发布的报告,2019年年末,广州市常住人口约1500万人——译者注)。人类需求成倍增加,欲望不断增长,但地球资源的再生能力却在持续下降。每一个因素都有其自身独特性,人类世将所有这些(和其他)因素相融合,以便我们将地球视为一个反馈系统,由反馈环、临界点(尚无法预测)以及(人类正面临的)危险阈值组成。

1.1 困境而非问题

任何单一学科的认知方式都无法解释,一些人类活动是为何以及如何促成20世纪中叶人类世产生的这一问题,也无法提供应对这一前所未有、不可预测的情形的最佳方案。为什么会这样呢?因为人类世所展现的是困境而非问题。这一区别对于多学科研究而言尤为重要。问题也许是可以解决的,有时仅需借助相关领域专家研发的物理工具或提出的概念设计即可,但困境具有挑战性,摆脱困境需要借助多种手段。我们虽无法解决困境,但至少可以在困境中保持一些优雅和体面。

要想在这个已经变化了的,而且越来越不宜居的地球上优雅而体面地生活,就必须抓住人类智慧宝库中一切可能有用的东西。但问题正如历史学家利比·罗宾(Libby Robin)所言:"人类该如何承担起责任并应对地球的变化。问题的答案不仅仅事关科学和技术,还关系到社会、文化、政治和生态(Robin 2008,p.

291)"。同样，历史学家斯韦克·索林（Sverker Sörlin）认为主要的问题之一是"所有相关知识还不够专业"。人文科学和社会科学的贡献目前还未被充分认可，但它们才是"可持续发展的核心"，因为它们"所涉及的专业领域恰好与价值形成、伦理、概念、决策等相关"，是解决全球巨变问题的关键（Sörlin 2013，p. 22）。而且，并非只有社会科学家和人文学者认为应对地球系统的变化还需要科学和技术之外的学科知识。地球系统科学家威尔·斯特芬（Will Steffen）及其同事也指出需要进行广泛的变革，包括快速实现"全球经济脱碳、生物圈碳汇优化、行为转变、技术创新、新的治理规定以及社会价值观的转变"（Steffen et al. 2016，p. 324）。新经济、政治和价值观至少应该与科学技术同等重要。

国际人类世工作组负责研究这个潜在的地质新时代，其在成立之初（2009年），便拥有一些非地质学家，这对于国际地层委员会（ICS）而言是非凡之举。一些国际政府组织，如联合国生物多样性和生态系统服务政府间科学政策平台（Intergovernmental Science-Policy Platform on Biodiversity and Ecosystem Services，IPBES），也在采用这种多学科方法（Vadrot et al. 2018）。近期，世界各地的学术活动，包括柏林世界文化中心与马克斯-普朗克科学史研究所合作的人类世项目、得克萨斯州莱斯大学的人类科学能源与环境中心、瑞典的地球人类的历史和未来（Integrated History and Future of People on Earth，IHOPE）、奥尔胡斯大学的人类世（Aarhus University Research on the Anthropocene，AURA）项目、维也纳大学的维也纳人类世网络、日常性人类世项目、京都的综合地球环境学研究所（the Research Institute for Humanity and Nature，RIHN），以及韩国科学技术院（Korea Advanced Institute of Science and Technology，KAIST）的人类世研究中心，都鼓励地质学家、地球系统科学家、历史学家、人类学家、工程师、艺术家和文学评论家等彼此交流合作。

本书除了自然科学，还涉及人文学科，即讨论人类世中的人文因素。聆听和学习前沿知识绝非易事，每个领域的知识都有自身的延续性，有其问题、规约、争论谱系和论证方式，我们对其引用的方式也不同。在理想世界中，当出现上述差异时，可以借鉴古生物学家诺曼·麦克劳德（Norman MacLeod 2014，p. 1618）的设想方式，即设想与自己技能、数据和知识互补的对手会面，因为他们对自己的专业领域知识足够自信，愿意接受一些重大挑战，并且能够置身于激烈辩论中。建立这样的对话也是我们的目标，尤其是我们正在做如此具有挑战性的研究。任何一个领域都无法做到从所有角度出发解决所有问题；任何一个组织，无论是由地质学家、人类学家、地球工程师，还是其他任何单一学科组成的组织，也都不会得到所有问题的答案。

有人认为多学科对话的目的是消除学科界限。E. O. 威尔逊（E. O. Wilson 1998）将其称为"知识大融通"，他认为知识大融通不仅是可能发生的，而且必然优于其他众多视角及全民参与。但本书反对知识大融通。虽然，当需要解决的问题仅有一个正确答案时，跨学科的方法可以很好地解决这些问题，但在政治、道德和美学领域，棘手问题的正确解决方案通常不止一个，并非所有方案都具有兼容性。实际上，由于规模大小不同，或是因为代表着完全不同的认知方式，有些方案与问题并不匹配。结果是会在一些领域衍生出有待验证的结果，而在另一些领域则会做出虚假的判断（Thomas 2014；Kramnick 2017）。跨学科知识大融通的缺点是根据可接受的有限证据，最终会优先考虑一个视角和一种分析方式。那些寻求一致性解释的人极少会解释为什么他们选择的知识类型更有价值。例如，为什么我们应始终主张理性主义而不是万物有灵论，为什么我们喜欢数字要胜于诗歌。面对前所未有的挑战，我们需要保障已有学科的严密性，从而确保其评估证据的专业性，还要求这些学科能够自我反思，并且可以参与到相近或差异较大的工作领域。我们的目标是创建起知识网络，这些网络使用各自的镜头聚焦于人类世的现实问题。这种多学科的合作越多，我们在如何应对这场危机，以及未来如何抉择的辩论中就越有收获。

1.2　衡量尺度、因果及重要性的绊脚石

然而，即使我们的意愿再好，人类世的多学科对话似乎也较难实施。为什么会这样呢？有两个关键问题：尺度问题和因果关系问题。这是所有实践和学科的核心，但处理这两个问题的方式却千差万别。

首先是尺度问题。从某些层面看，人类世无比"庞大"。如文学评论家蒂莫西·莫顿（Timothy Morton）用寓意深长的"超级物件"（hyperobject）一词描述人类世，意指人类世"广泛分布于与人类有关的时空中"（Morton 2013，p. 1）。现今，人类营力正驱使地球系统脱离冰川期—间冰期这一在过去 100 万年甚至更长时间里盛衰交替的循环轨迹。这一营力也有可能会迫使地球脱离第四纪（过去的 260 万年里）的循环轨道。生物进化方式正被改变，许多物种在走向灭亡，一些物种数量也正在减少。温室气体（greenhouse gas）排放也改变了未来几个世纪甚至未来数千年的气候状况。大气变化将使得下一次冰河期推迟到 5 万年乃至 13 万年之后发生（Stager 2012，p. 11）。理解人类世，意味着要穿越时间，深入过去和遥远的未来，同时也要与已经脱节的现在做斗争。

同样地，人类世的空间尺度必须是全球性的，如果只在东达利奇（East Dulwich）发生，就不叫人类世了。人类世指的是整个地球系统的转变，而不是地球上某个特定地点的改变。它的意义在于地球系统变化的规模、量级和持续时间，而不是发现"人类活动的最初印记"（Zalasiewicz et al. 2015b，p. 201）。人类早在几千年前就对地球系统产生了区域性的、不连续的影响。19 世纪初，欧洲工业革命

在一些地方留下了极为显著的地质证据，但是，从 20 世纪中叶起，人口快速增长和工业化加速所造成的影响才具有全球性和近乎同步性（Zalasiewicz et al. 2015b）。

人类世不仅有巨大的时空尺度，而且还是一个超级概念，只有通过大规模的数据收集和计算建模，才能实现地球系统的概念化（Edwards 2010）。如果没有这些工具，我们将很难获知人类世的规模、大加速的量级以及地球轨道的变迁。在过去几年里，管理如此庞大的数据本身就是一个规模问题。仅分析人类世众多因素中的一个因素，就需要成千上万科学家和功能强大的计算机。例如，2018 年，简·明克斯（Jan Minx）报道称，政府间气候变化专门委员会（Intergovernmental Panel on Climate Change，IPCC）的成员一直在竭力准备 2021 年的第六次评估报告，因为科学数据体量庞大，仅 2016～2018 年产生的新文献数量就达到 27 万～33 万份，他认为只有通过机器阅读和其他技术才能充分汇总分析这些信息（Minx 2018）。值得注意的是，明克斯只估计了与气候变化有关的文章数量，还没有计算与地形改变或生物多样性减少等相关的论文。将这些海量的数据整合到一个地球模型中是一项严峻的挑战，而如何从人类价值、政治、经济的综合角度，使人类世这个"超级物件"变得"可以想象"则是一个更加严峻的挑战。

具有地质意义的尺度和具有社会意义的尺度是不同的。研究地球系统的科学家是站在巨大的时空画布上工作。而人类是在不同地方、不同生态系统和不同文化系统中忍受或庆祝地球的变化，用小时、天和年为单位来衡量时间。如果将今晚的牛油果沙拉、秘鲁的投票权、下个月的薪水或土著居民的艺术品与地球系统联系在一起，则意味着我们要穿梭于时间尺度和空间尺度，以及大量的证据之间。在未来不到十年的时间里，为了不触及临界点将地球推向"温室状态"（Steffen et al. 2018），就必须将地球系统尺度和人类社会尺度校准一致。

1.3 两种尺度类型

这里需要厘清两种尺度类型的概念：一类是有序的集成嵌套尺度；另一类是蔓延式交错拓展尺度。集成嵌套尺度可以帮助我们由"小"到"大"，循序渐进地思考问题，这种尺度的构建可以展现每个单元的相似之处。我们可以把它看作俄罗斯套娃，小套娃有序地摆放在大套娃中，构成了一个巨大的、包罗万象的俄罗斯套娃。蔓延式交错拓展尺度并非有序嵌套，而是会构建成一个交错纵杂的网络。这种构建不仅要考虑所有单元的共性，而且还要考虑它们的差异性。相邻两个单元的特征有相似之处，但又不完全相同。单元之间的交流并不容易，因为在不同层面上会出现始料未及的新关系。这种拓展尺度努力捕捉不计其数的单元之间的冲突与统一，保留了更多的世界复杂性，但丢失了像俄罗斯套娃式单元集成分析那样的清晰度。不过重要的是，两种尺度都能帮助我们了解地球系统的变化及其与人类活动之间的关系。第一种尺度展示地球系统与人类活动之间的一体关系，第二种尺度则展示某一现象的不同面。

第一种尺度建立的基础是比例对等。例如，日常生活是用秒、分、小时、天和周度量的，所有小单位都是大单位的子集，人类学家罗安清（Anna Tsing 2012）将此称为"精确嵌套缩放"（precision-nested scaling）。正如科学史学家德博拉·库恩（Deborah Coen）在哈布斯堡帝国晚期气候科学研究中所呈现的，要建立这样的一体性并非易事。德博拉·库恩将缩放的目标定义为协调正式和非正式的不同度量系统，使之应用于世界的不同层面，最终设计一个通用的比例标准（Coen 2018, p. 16）。"设计一个通用的比例标准"意味着突出共性，掩盖差异，这样创建的比例标准可以适用于局部至更大范围。地质学家便是用这种方法制定的地质年代表。他们把化石、冰芯和其他地层记录按照期、世、纪、代、宙的时间顺序排列，构成地质年代表。虽然这些"世"（以及其他单位）所代表的时间长短和地球变化的量级不同，但它们提供了一种粗略却实用的计时方法。地球上的许多现象都可以通过努力最终找到适用的嵌套排列模式。

那么，这种嵌套方法适用于人类世的多学科研究吗？科学记者克里斯蒂安·施瓦格（Christian Schwägerl）认为是适用的。她认为地质尺度和社会尺度可以并且应该合并起来："人类世概念创造了一个可以从石头延伸到人类思想、从具体长久的现象延伸到抽象转瞬即逝的现象的连续体"。她还强调人类世通过凌驾于各种二元论之上的方式将"人类大脑中看似短暂的过程与永恒的地质时代联系在了一起"，赋予了其"神经地质学"（neurogeological）特征（Schwägerl 2013, p. 30）。在施瓦格看来，人类世将所有的自然和人类汇集到了同一尺度上。如果制定一个多学科的通用标准，那么人类世研究群体之间的交流会更加通畅，因为本质上他们研究的是"同一事件"。这样，不同层面和地区面临的挑战将会变得相似，解决方案可以按比例照搬实施。

这种方法可以很好地处理一些物理因素。例如，要解读地球历史的宏伟图景，本质上需要把一系列"代用指标"（化学指标、生物指标、天文指标、物理指标）放到与地层学相关的时空尺度上。这是一种探寻模式和关系的极为有效的方法，这种方法将数十年的研究结果汇总在一起，所以人类世模式可以被一眼看清（Waters et al. 2016）。但当涉及价值观与政治、艺术与经济、时尚与宗教时，这种方法实施起来就棘手了。将杏仁软糖的口味、对民主的忠诚和对一神教的敬奉这三种不同因素放在同一尺度上，就像上述提到的"代用指标"一样，也需要设计一个通用的标准。这自古以来便是一道哲学难题，现在人类世的出现把这一难题又提了出来。

一些评论家，尤其是人文和社科领域的评论家，认为不可能设计出这样的通用标准。任何对世界的描述、知识层面、尺度都不足以说明世界的复杂性和多面性。相反，罗安清等认为要全面理解世界，最好的办法是吸纳一系列相关但不一致的物体、经验、方法和影响。它们在不同的框架中运转，每个框架不仅会展现出它们的差异大小，还会展现出类型的不同。这强调的是自然和人类的不可量测性，即一个角度所展示的与另一个角度不同。这好比打开一个俄罗斯套娃，结果发现里面有一只金色的小青蛙，并向我们吐出了一架直升机。

现今多个领域已经在探究第二种尺度。例如，在物理学领域，有些人已经摒弃了用单一定律来解释宇宙所有作用力和现象的"万物理论"。曾经被认为具有普适性的牛顿定律，在用于解释之后的发现时（如暗物质）也黯然失色了。暗物质似乎加速了宇宙的膨胀，而此时引力并未发挥作用（Powell 2013）。"永久膨胀"和"弦理论"等指出可能存在多重宇宙，在这些宇宙中，时间、维度及原子核引力具有完全不同的特性。在一些宇宙中，原子核力可能比我们所处的宇宙中的大得多，所产生的物质密度也更大；而在另一些宇宙中，原子核力可能很小。我们的宇宙空间有三个维度，而其他宇宙可能有十个甚至更多维度（Lightman 2013，pp. 4-7）。这种自为一体的世界也许有数百万个。正如斯蒂芬·霍金（Stephen Hawking）和莱昂纳德·蒙洛迪诺（Leonard Mlodinow）所说："几十年来，我们（物理学家）致力于提出一个终极的万用理论，一套完整的、具有普适性的基本法则以解释所有现象。现在看来，探索得到的可能不是单个理论，而是一系列环环相扣的理论（Hawking and Mlodinow 2013，p. 91）。"

人类学家也认为用单一尺度无法讨论所有现象。相反，他们觉得社会和自然现象是伴随各种实践而出现的，彼此间的关联度很低。就拿成人礼仪式来说，有时被认为是普遍存在的。但在巴布亚新几内亚工作的人类学家玛丽莲·斯特拉森（Marilyn Strathern）认为，"这不是普遍存在的习俗，不同成人礼的举办方式不同，是否举办成人礼也因地而异"（Strathern 1991，p. xiv）。换言之，最好将这种比较重要的社会仪式理解为一种彼此迥异的家庭现象，因为像成人礼这种习俗本身就没有统一标准。关于成人礼的重要性和传播性问题，也就是它的尺度问题，答案本身就不统一，取决于举办人的意愿和付出。

"自然"现象也会通过不同级和物质得以体现。《多重身体》(The Body Multiple)的作者安娜玛丽·莫尔（Annemarie Mol, 2002）在一家荷兰医院观察了一种动脉硬化病，她认为这不是单一的疾病，而是一系列并无太多关联的病症，虽然都叫"动脉硬化"，但本质并不相同。专家对此使用了多种不同的治疗手段，因为实际上，"动脉硬化"表现为一系列病症，有多种治疗方法，并不是单一的病症。如果像玛丽莲·斯特拉森和安娜玛丽·莫尔那样，把成人礼或"动脉硬化"这样的事情看作是"大于一，小于许多"的现象，仅仅通过部分关联性而联系起来，那俄罗斯套娃会崩溃。研究这一领域的人认为，当我们徘徊在不同的尺度思考问题时，我们的认识是不同的，而不是增加或减少了。我们的理解往往有得有失。玛丽莲·斯特拉森认为，"在不同尺度切换考虑问题不仅会产生乘数效应，还会造成信息'丢失'"，从更大的视角来看，"创造得更多也意味着创造得更少"（Strathern 1991，p. xv）。如果将这种缩放尺度应用到人类世中，会发现用不同的分析手段，同一现象也会呈现出不同的色调和性质。

缩放尺度是构建（或揭示）自然和社会秩序与模式的重要手段，可以激发我们的认知，但和其他表现形式一样，只能短暂性地解决特定问题。即使在地质年代表中，世所指示的意义（如所代表的时间长短）也并非一致或对等，它们只是从地质学家的通用语言里识别出来的时间划分单位。嵌套尺度帮助我们将地球理解为一个受人类活动影响严重的单一且完整的系统，而拓展尺度则可为我们指明经验、观点和价值观之间的矛盾。这两种方法是否有用取决于所面临的问题，但各学科往往各执一词。这就是为什么尺度问题成了多学科交流的绊脚石。在"人类世"研究中，弄清如何应对尺度问题（嵌套尺度和拓展尺度）的挑战是当务之急。

1.4　人类生存尺度

对大多数人来说，人类世当前最紧迫的问题是人类的生存问题：我们能挺过去吗？这个看似简单的问题其实很复杂，因为不同尺度涉及的问题不同（Thomas 2015），答案似乎是肯定的，又似乎是否定的。就最大尺度而言，人类世的威胁是微乎其微的。因为人类像其他物种一样，注定要灭绝。如果就此引发第六次大灭绝的话，虽然恢复生物多样性可能需要 3000 万年，但终究会恢复。无论人类如何破坏地球，地球自身将继续在它的轨道运行，直至大约 50 亿年后太阳巨变炸成一颗炽热的红色巨星为止。从这些尺度看，人类注定不能永远存在。

就更小的千年尺度而言，尽管智人这一物种不可能这么快就灭绝，但人类世对地球的破坏已经赫然耸现。古生态学家寇特·史塔格（Curt Stager）认为，在这种尺度下，即使 CO_2 浓度达到 2000 ppm[①]，全球平均气温上升 9～16℉（5～9℃），这些物种也会在这里生存下去，并且会活得"很好"（Stager 2012，p. 41）。哲学家尼克·博斯特罗姆（Nick Bostrom 2002）所做的一项非正式调查显示，在中等尺度下，理论风险学家认为我们有 80%～90% 的机会躲避毁灭。这里的毁灭定义为"地球智能生命过早灭绝，或其未来发展潜力的巨大且永久性破坏"。宇宙学家马丁·里斯（Martin Rees 2003）最悲观，他认为由于恐怖主义和环境破坏等各种威胁，人类活到 2100 年的概率只有 50%。作为智人的我们，在远比目前在世人的有生之年更长的时间里，也许会长久地存在下去，但很可能只能住在未被淹没的中高纬度冰冷地区。

---

① 1 ppm=10^{-6}。

　　但是，我们只是"一个物种"吗？许多人都会否认这一点。在更亲密的生命和社群尺度中，受到威胁的不是智人，而是复杂社会中富有创造力、有思辨力的人，是一些自由人，一些有很强社会联系的人，也是一些受制于专制政府的人。据联合国估计，至 2050 年，海平面上升和荒漠化将导致 1.5 亿～3 亿人变成难民。最近的人类-气候研究发现，这一数据也可能过于乐观。按目前的状态，并考虑到人口的增长趋势，至 2070 年，人类赖以生存的、温度宜居的地理范围将发生改变。事实上，它将"在未来 50 年内发生比过去 6000 年以来更大的变化"（Xu et al. 2020），使大约 35 亿人陷入危险的炎热环境中，给生物圈带来致命损害。应对气候变化所采取的迁徙管控措施可以使这一理论数字减少至大约 15 亿人，对于这些人来说迁徙可能是个生死攸关的问题。内奥米·奥雷斯克斯（Naomi Oreskes）和埃里克·康韦（Eric Conway）在《西方文明的崩溃》（*The Collapse of Western*，2014）一书中写到，人口迁徙极有可能会引发具有攻击性的民族主义矛盾和战争。

　　在这种情况下，人们面临的危险远远是未知的，责任、正义和价值冲突问题会突然爆发。我们的重点应该放在建造海堤这样的短期解决方案上，还是放在将沿海人口迁往内陆的长期解决方案上？我们的政治行动应该应对全球资本主义，还是应对当地有机农业的分配问题？我们是否要以增加未来人口的贫困负担、以牺牲其他物种栖息地为代价，在乌干达自然保护区等地钻探石油帮助当代人摆脱贫困？核能可以立即减少 CO_2 排放量，是否应该以排放放射性废物、增加癌症率和反应炉熔毁等为长期代价，通过核能快速减少目前的 CO_2 排放量？我们写这本书时，许多人正因为新型冠状病毒肺炎（COVID-19）而濒临死亡。人类世研究的热议激发并强化了 COVID-19 的影响，扰乱了全球经济和政治体系，也引发了人们对价值观和优先事项等的强烈质疑。

　　正如人文学者、社会科学专家、决策者、技术专家、艺术家和哲学家从多方面解决人类世问题一样，他们的研究尺度不尽相同，不仅与地球系统科学家不同，而且彼此间也不一样。正如历史学家加布丽埃勒·赫克特（Gabrielle Hecht 2018，p. 115）所说的，这些尺度均涉及"认识论、政治论和伦理效应"。换句话说，人类世对我们是否是个威胁，取决于对"人类"的定义。在不同尺度上研究人类世可能会遇到坎坷或迷失方向，使多学科对话变得困难，因为我们并非总能够谈论同一个问题，或者以相同的方式谈论同一问题。

1.5　驱动力与力量

　　多学科对话的第二个制约因素是因果关系问题。几乎所有领域的学者都对过去是如何影响现在的很感兴趣，但他们谈论因果关系的方式并不相同。文学评论家伊恩·鲍科姆（Ian Baucom）将这些差异凝练为"驱动力"（forcings）与"力量"（forces）的差异，这对我们的理解很有帮助。在科学领域，"驱动力"指的是对系统的扰动，不夹杂任何主张和意图，也并无贬义或褒义之分。换句话，如果说 CO_2 是气候变化的"驱动力"，并不是要恶意抨击温室气体。另外，"历史的力量"（the forces of history）包罗万象，从恺撒决意穿越卢比肯河到黑死病的爆发，从亚述帝国的王权到 1815 年坦博拉火山的爆发，从跨国公司的兴起到季风的季节性爆发模式，不胜枚举。塑造个人命运和伟大帝国的历史力量混杂有偶然性、必然性和目的性。人文学者呼吁分析某个事件或系统以弄清楚谁或者什么是值得被表扬或责备的，这样做的目的不仅是要厘清某个事件，还要判断其功过。这样可以引导人们对当代价值观和制度进行批判性反思，以便我们改变它们。正如鲍科姆所观察到的那样，批判性思考的传统是"一直以来将自己的使命理解为是描绘并做出改变：即绘制我们的处境图，并做出一些行动把我们从困境中解救出来"（Baucom 2020，p. 12）。

"forcing（驱动力）"是个意义明确的中性词，但人文学者和社会科学专家很少使用，他们谈论因果关系时更喜欢用 forces（力量）一词。如鲍科姆所说，这是因为他们在研究人类世时最大的困惑是如何将"力量的变化和驱动力过程"放在一起考虑（Baucom 2020，p. 14），这个任务极其艰巨。如历史学家迪佩什·查卡拉巴提（Dipesh Chakrabarty）所说，人类世在某种意义上意味着"自然史与人类史之间古老的人文主义壁垒将被瓦解"（Chakrabarty 2009，p. 201）。但是，从另一方面来说，这种区分非常重要，因为任何社会或个人不会将自身视为一个"物种"，而是道德与政治活动的参与者（Chakrabarty 2018，p. 3）。如果我们既想描述人类世又要改变人类世的处境，那么驱动力与力量之间的紧张关系就无法调节。

对于地球系统科学家而言，这种区别不是问题，因为他们的首要目的是准确描述。自然和人为因素可以被概括为"驱动力"（forcings 或 drivers），美国国家海洋和大气管理局（National Oceanic and Atmospheric Administration，NOAA）在其网站上提供了一个将自然和人类活动描述为"驱动力"的例子：

> 自然的气候驱动力包括太阳能输出的变化、地球轨道周期的变化，以及将反光粒子喷射到高层大气的大型火山爆发。人为因素导致的气候驱动力包括吸热气体（也称为温室气体）的排放，以及土地利用的变化，这一变化会使得地面反射更多或更少的太阳光。自 1750 年以来，人为因素的气候驱动力在逐渐增加，甚至超越了自然驱动力，主导着地球气候变化。（NOAA n.d.）

这段话并没有提及"人为因素气候驱动力"为什么会越来越强大，以及谁将会在其中受益这种社会科学和人文问题，更没有提及如何将我们从困境中解救出来。我们讨论因果关系所用的不同方式，也会阻碍对理解人类世非常重要的多学科之间的交流。

为了弄清为什么因果关系会是这样这个问题，我们将人类世与其他两个地质变化作对比，它们分别是全新世（开始于 11700 年前）和大氧化事件（Great Oxygenation Event，GOE，发生在 24 亿~21 亿年前）。当更新世的冰河气候被全新世的温暖气候所替代时，智人已经存在了大约 30 万年。虽然我们人类在全新世暖期受益匪浅，但在这一地质事件中，人类活动既没有起到"力量"作用，也没有扮演"驱动力"的角色。我们和其他生物一样，仅仅是目睹自然变化催生新纪元的旁观者。正如古生物学家安东尼·巴诺斯基（Anthony Barnosky）和生物学家伊丽莎白·哈德利（Elizabeth Hadly）所阐释的，全新世的出现是由"围绕太阳变化的地球轨道三要素之间的相互作用" 导致的（Barnosky and Hadly 2016, p. 17）。轨道要素在三个方面都有规律性的变化：地球轨道椭圆度的变化（地球偏心率）、地球自转轴倾斜度的变化（斜率）、绕轴旋转时摆动幅度的变化（岁差）。在关键季节，这三个轨道要素逐渐到达某一状态时，地球表面接收到的太阳辐射最多，太阳光直射冰川。当这一情况发生时，地球开始变暖，冰川迅速消退，动植物从南向北迁徙，"崭新的生态系统遍布世界各地"。在大约 11000 年前，"全球生态系统趋于稳定进入间冰期状态，并持续至几个世纪之前"（Barnosky and Hadly 2016, p. 17）。

全新世的发展和建立过程更加复杂（见第 4 章），但各学科对此几乎没有争议。回顾地球系统在这一时期的变化，人类学家和历史学家都认为，它们为几千年后的农业发展和城市化创造了条件，但他们很少质疑这个地质单位。全新世被认为是"驱动力"所致，而非"力量"。

发生在 24 亿~21 亿年前的大氧化事件的情况更加复杂。早在大氧化事件出现之前的几亿年，海洋蓝细菌（一种被称为蓝绿藻的物种）就进化出了可以产生 O_2 的光合作用（Smit and Mezger 2017）。起初，它们排放到地表环境中的 O_2 大多被氧气池捕获，对地球未产生什么影响，直至 O_2 开始在地表积聚，原先生活在地表的厌氧生物被迫撤退到地下或深海以躲避足以使它们致命的氧气。林恩·马古利斯（Lynn Margulis）和多里昂·萨根（Dorion Sagan）将此戏称为"氧气大屠杀"（oxygen holocaust, 1986）。除人类外，蓝细菌是少有的改造过地球系统的生物群落，不过它们与人类改造地球的一个重要区别是，人类是以闪电般的速度改造地球的，而蓝细菌则花了数十亿年的时间才创造出有氧地球，一个可以供我们人类以及蠕虫、蜘蛛、哺乳动物和生物圈中的其他多细胞物种生存的地球。

关于"驱动力"和"力量"之间的区别，大氧化事件给了我们什么启示呢？在改造地球的过程中，人类是否可以和蓝细菌相提并论？在某种意义上，答案是肯定的，因为智人和蓝细菌都不是有意要改变地球系统的，但最后却都改变了。研究人员并不会因此责怪蓝细菌进化产生的产氧新陈代谢功能。同样，研究人员也不会把人类社会组织的强大和人口激增归咎于智人老祖先进化所产生的认知发展能力和疾病免疫力（Mithen 1996，2007；Smail 2008）。但是，蓝细菌进化出产氧机制，或智人进化出抽象思维和对麻疹的抵抗力，与有意图地发明蒸汽机、哈伯法、抗生素和核裂变是完全不同的，也不同于所设计的城邦、金融资本和周末等概念。每个蓝细菌都是一个产氧小工厂，但是单个人并不会突然开始生产钚沉降物、烟灰颗粒物或塑料，每个人呼出的少量 CO_2 也不成问题。智人和蓝细菌似像非像。

创造人类世的人类既是整个生态历史的集合，也是给少数人带来利益的现代政治、经济、技术和社会联系的集合。大氧化事件是生命"驱动力"作用的结果，而人类世是不同尺度上系统"驱动力"和"力量"共同作用的结果。正是这种双重作用力的存在使得人类世的多学科对话更加必要和困难。

1.6 结 论

我们正处在理解人类世的关键阶段。像洪堡一样，我们必须寻求一切可能的科学和文化优势，以便理解地球正在发生着什么。我们的对话方式将决定地球未来的发展方向。现今，地质学家和地球系统科学家对数据展现的真实性越来越有信心。同样，人文学者和社会科学专家也开始正视这一问题，把这些当作是我们这个时代的政治、经济和人类存亡的挑战。他们带着共同的使命和求知欲走到一起，交流收集他们未曾表达过的观点。正如科学家会意识到他们在理解智人改变地球的政治、经济和文化意义方面存在局限性一样，人文学者和社会科学专家也会理解为什么定义、衡量以及确定人类世作为新的地质年代是地质学家的工作。我们仅仅从科学发现和技术层面研究人类世是远远不够的，同样，纯粹基于文化层面，而忽视科学基础也是行不通的。

在《大混乱》（*The Great Derangement*）一书中，阿米塔夫·高希（Amitav Ghosh 2016）提到，如果我们仅依靠现代知识体系，将学科分开，将知识孤立，并否认人类的选择受地球极限的限制，人类世将"不可想象"。如阿米塔夫·高希所言，现在是时候考虑这件"不可想象"的事情了。在这一过程中，尺度问题和因果关系问题将如影随形。只有多学科共同努力，才能真正使我们认识到人类活动对地球环境的改变：大气和水环境中的化学组成发生了变化、极地冰盖融化、下一个冰期延时到来、全球生态系统被重构、土壤表层肥力下降、地球上95%的宜居环境受到破坏。只有通过多学科研究才能找到构建公正互惠社会的方法，这个社会严格管控人们对地球资源的需求，但会稳定地球系统，生产清洁的空气和水，增加生物多样性。虽然我们共同努力也不太可能实现所有学科和世界观的"大融合"，但我们希望像洪堡那样，创建一个全球数据和叙事网络。面对人类世既是一项科学事业，也是一项人文事业。

第2章 人类世的地质背景

地球有 45.4 亿年的历史，大约是宇宙年龄的三分之一。这是一个不可思议的时间跨度，即使是每天都在研究近乎永恒的地质现象的地质学家，也只能借助正式的（实际上是官僚主义的）时代框架——地质年代表来理解它。而且地质年代表中的单位，如寒武纪、石炭纪、二叠纪和更新世通常有数百万年那么长。那么，为什么还要给地质年代表增加一个截至目前仅有人均寿命那么长的时期呢？而这一问题所揭露的人类和地球环境现状，是本书的重点。为了彻底理解这一问题，需要纵观人类史和地球史，看看它们是如何相互交织在一起的。

人属物种出现至今不到 300 万年的时间（Villmoare et al. 2015），还不到地球漫长历史的千分之一。在这一时期，智人虽然约 30 万年前就已经出现了（Richter et al. 2017），但在约 5 万年前才开始对地球产生稍大一些的影响，如森林被烧毁、大型哺乳动物被猎杀甚至灭绝。约 1 万年前，地球进入全新世，随着大规模冰川退缩和气候变暖，人类才开始定居耕种，并组建村庄，进而发展成为乡镇、城市、民族或帝国。他们或反目或结盟，在地球环境相对稳定的这一时期跌宕发展。无论战争或掠夺对地球造成了怎样的创伤，地球系统都会自我治愈，并滋养下一代人或民族的梦想和抱负。这一时期是促进人类发展的最佳时期，书写了几大宗教信仰，也书写了人类"文明"史。

在过去几个世纪，出现了一种新现象，这一现象起初发展徐缓，现在却愈加急剧。维持地球生命力的基础框架，如气候、海平面、生物生产力等，在过去 70 年被重置，无法复原，且不能再为子孙后代提供稳定的生活环境。地球的这个新时期被称为人类世，是一种全球现象，也是与人类及其所构建的社会结构相互影响的现象。

2.1 从地质学看我们的时代

本章将探讨地质学的模式和传统。使用此框架一方面是为了强调人类活动的长期影响，另一方面是因为保罗·克鲁岑（Paul Crutzen）在 2000 年提出人类世时，明确提出把它定义为地质时期（Crutzen and Stoermer 2000）。

这一观点的出现也有技术原因。因为人类在建造具有人类世特征的构造物（如特大城市、飞机、石油平台）时所用的材料大多来自岩石，这属于地质学范畴。而且，理解人类世需要了解地球历史。近几十年来，地层学的研究进展向我们描绘了微妙复杂且越来越精准的地球历史。重建古气候变化的规模和速率、温室气体的历史水平、海平面升降以及生物灭绝模式的变化等，可以刻画出地球的深时演化历史。对有人类观察和记载之前的事件的重建，意味着要从岩层中挖掘必要的信息。对地球数百万年历史的描绘工作一直延续至今，科学家可以通过卫星等技术对地球演化过程进行详细的实时观测。通过研究最新的地层，比如现代湖泊海洋沉积物及其他所包含的各种信息，可以从地质学角度将现代地质作用过程和古代记录相串联。现代观测记录和古地层记录的重叠交叉部分使得人类世在很大程度上具有真实性和说服力。

人类世的概念产生于地球系统科学，我们也将在此框架内进行讨论。地球系统科学将地球看作是岩石圈、地幔、水圈、大气圈、生物圈和技术圈（见第 5 章）的统一整体（Lenton 2016）。从这一视角看，地球不仅仅是这些组成部分的总和，而且是它们相互作用的产物，这为地球系统的基本属性（如气候）创造了条件。地球系统科学是一个新兴的、高度跨学科的学科领域，起源于詹姆斯·洛夫洛克（James Lovelock）和林恩·马古利斯（Lynn Margulis）于 20 世纪 60 年代末和 70年代初提出的盖亚假说。该假说认为生物圈通过各种反馈机制调节并维持地球的宜居性，但该观点具有争议性，因为非生物行星也存在这种反馈功能。尽管如此，事实证明地质学和地球系统科学从行星角度研究人类世具有高度互补性。

在年际至十亿年等不同的时间尺度上，地球系统会发生多种变化，包括在大气圈、水圈、岩石圈和生物圈演变过程中发生的单一且不可逆的阶段式跳跃变化，以及在固定时间内发生的往复循环变化，如冰河时期的冰期-间冰期循环。另外，地球也会经历很长时间（如工业革命前约 1 万年）的稳定期。了解地球的过去有助于我们评估人类对当前地球系统的影响。

2.2 "中年"地球

地球在其"中年"时期便已通过自然过程中的微调节和反馈机制维持了数十亿年地球上的生命。直到最近，人类才意识到这段历史是多么悠久。

1787 年是人们得以了解地球伟大历史的转折点。这一年，詹姆斯·赫顿（James Hutton, 1726—1797）在苏格兰南部杰德堡发现了一个地层序列，在那里可以看到顶部的红色地层与地面平行，但其下伏的灰色地层与地面垂直，是典型的角度不整合现象，赫顿无法确定岩层的年代，但根据角度不整合确定了地层序列中存在沉积间断。灰色地层形成后，受构造作用影响，挤压形成造山带，作为正地形接受风化剥蚀，直到很久以后开始接受沉积，在顶部继续沉积红色地层。现今我们知道这个过程经历了 6 千多万年，但他当时不可能知道，他只能通过直觉和推论发现地球历史的浩渺漫长。

19 世纪中叶，另一位苏格兰人威廉·汤姆森（William Thomson，1824—1907），授勋后改名为开尔文勋爵（Lord Kelvin），试图计算地球的真实年龄。他认为地球最初是熔融态的，通过计算地球冷却所需的时长，发现地球的年龄在2000 万年到 4 亿年。然而这一结果，尤其是开尔文勋爵青睐的 2000 万年这个时间，使地质学家很困惑，如地质学家赫顿认为上千万年就已形成岩石，似乎过于急促拥挤。当时开尔文不知道地球内部是由放射性物质维持温度的，直到 19 世纪末和 20 世纪发现放射性衰变，地球的真实年龄才得以确定。

现在，通过测定地球上最古老岩石的天然放射性年代，我们知道了地球有 45.4亿年（±5000 万年）的历史。但奇怪的是，这些岩石是太阳系形成时遗留下来的陨石碎片，地球本身太过活跃且变化无常无法保存这么古老的东西。地球上最古老的碎片是来自澳大利亚的一块锆石晶体，直径只有 0.1 mm，距今约 44.04 亿年。

将地球年龄与太阳核聚变总能量计算所需的时间（100 亿年）相结合，可知地球和太阳都已"年过半百"，地球是一颗"中年"行星。它是太阳周围"宜居带"的一颗岩石行星，液态水已经在其表面留存了数十亿年，这使复杂的生物圈得以生存演化。地球上的生物圈主要由太阳提供能量，富氧的大气层、岩石圈、大气圈、水圈和生物圈等地球系统的不同组成部分相互作用，共同构建了我们赖以生存的地球。

地球在漫长的历史中发生了巨大变化，每一阶段好似一颗不同的星球。在每一个状态下，地球的大气组成、海陆构造、生物圈以及海洋的化学组成都发生了巨大变化。这些变化由物理、化学和生物因素共同导致，它们相互作用继而引发更多变化，有时也会进入稳定状态。现今，人类世已揭开帷幕，这一系列过程更加值得深入研究，因为在不久的将来，地球可能将会经历与历史时期相似的境况。

2.3　解析地球的活跃性

目前，地球大气中含有 78%的氮、21%的氧、0.9%的氩，以及少许 CO_2、甲烷、水蒸气、臭氧等其他气体。大气层在地球上方延伸约 480 km（约 300 mi[①]），但大多气体集中在最底部的 16 km 范围内。地球的大气层与其姊妹行星金星的大气层截然不同，金星的大气密度约是地球的 90 倍，主要由 CO_2 组成，大量的温室气体使得金星表面温度高达 400℃（752℉），如地狱一般。相比之下，地球大气以大量游离氧为显著标志，可以被远在几十光年之外的外星文明的光谱望远镜观测到。它们会告诉外星人：地球表面广布液态水，有维持生命力的营养物质风化循环、有适合光合作用的地表环境，以及将碳储存在生物体、骨骼、沉积物和

————————
① 1 mi=1.609344 km。

土壤中的有机体。这在已知的行星中极为罕见，一定会激发外星人的兴趣。

70%以上的地球表面被海洋覆盖，从太空看地球是一片蓝色汪洋。但实际上，海洋的平均深度只有 4 km，与地球半径 6371 km 相比，相当于一层薄膜，甚至比苹果皮还要薄。尽管水滋养着地球上的所有生命，但它仅占地球质量的 0.05%。海洋在火山喷发和行星碰撞后出现，至今已有 40 亿年的历史。溶解在海里的化学物质，如二氧化硅、钙和碳酸盐，对生物（如海洋微藻）功能的发挥至关重要，这些微藻被称为海洋的肺，产生了海洋中大部分的氧气。

海洋中的化学物质产自海底热泉和火山喷发，或通过河流搬运而来的陆表风化产物。人们可能疑惑，即使是高山最后也会被风化耗尽，那为什么地表的岩石在风化后没有完全汇入大海呢？答案在于水和岩石的循环作用，它们会深入地球深部，维系板块构造。地球的构造板块，厚达 100 km，宽达数千千米，在地壳入渗海水的润滑作用以及地壳下方岩熔地幔的驱动作用下，地球板块不断移动，移动速度如同人指甲的生长速度一般。据我们所知，地球上的这一过程独一无二，地壳板块相互碰撞，挤压形成山脉。山脉上源源不断地涌出生命所必需的化学物质，其后被冲刷进入大海。月球和火星没有这种过程，因为它们内部的热能早已消耗殆尽，无法驱动板块运动和水循环。地壳板块以这种模式已运行了近 30 亿年，在此之前，地球似乎还有一些其他释热机制，以及不同的地层结构，在这种结构中大陆和大洋盆地的界线可能不像现在这么明确。

在地核内部也有一些对维持地表生物、水和大气至关重要的循环过程。地核的主要成分是铁，其在 2890～5150 km 深度呈液态，随深度加深逐渐固化。早期地核被认为完全呈液态。外核中稠密的熔态金属流产生了地球磁场，保护地球不受太阳风的影响，否则地球上的海洋和大气会被太阳风吹走，而且没有地磁场的保护，地表也不会有生命。

地球的生存环境也取决于整个地球的化学循环过程。地表岩石中的钙和碳酸盐会风化，然后被河流搬运进入海洋。当这些物质在海水中过饱和时，就在海底沉积形成灰岩，这一过程在过去 5 亿年由具有碳酸钙骨架的生物（如藻类、珊瑚和腹足类）所调节。碳酸盐岩的形成，以及有机生物骨骼残骸在海底的沉积，阻止了碳以 CO_2 的形式在大气中大量积累，所以地球才得以避免形成如金星上的炼狱状态。其他循环过程还包括磷酸盐、硫、钾、氮和二氧化硅循环，如果没有水圈、大气圈、岩石圈和生命圈的相互作用，这些循环将不会发生。如果没有板块运动所驱动的岩石循环，几乎或根本不会有沉积物的产生，从而无法塑造出地表的巨厚地层。在北半球看到的月球表面"月中人"的眼睛（雨海和静海），其实是30 多亿年前凝结的巨大熔岩流。

2.4　地球的深时变化

地球系统的变化可能是暂时的,如强烈火山喷发释放出额外的 CO_2 所引发的气候变暖。这些多余的温室气体与地表岩石发生反应,历经数千年,最终从大气中移除,气候重新稳定下来。但如果气候变暖导致物种灭绝,生物向另一个方向进化,其影响则是永久性的。其他地球系统变化可能把地球带入另一种状态,对生物圈产生更深远的影响。正如我们所看到的,人类世在短暂的时间内改变了生物演化轨迹,或许会将地球带进一个新的长期状态。要想了解地球表面是如何被重塑的,可以研究 30 亿～20 亿年前地球是如何被氧化的。

现今,O_2 是地球大气层的主要组成部分,在多数生物体的新陈代谢中起着至关重要的作用。按质量计算,氧是生物圈的主要成分,也是地壳和地幔的主要组成部分,构成了二氧化硅、硅酸盐矿物和水的大部分物质。但是,行星大气中含有游离氧的情况是罕见的,会在与岩石和有机物的反应中被快速消耗殆尽。如果没有源源不断的游离氧补给,地球就不会富含 O_2。现今,大气中的 O_2 含量取决于光合作用的产氧量和呼吸作用的耗氧量。长期的生物地球化学循环也可以影响氧的消耗,如将碳埋藏在沉积岩中,阻断了碳与大气中的氧发生反应。

在光合作用出现之前,地球的大气层是缺氧的。火山喷发时地球内部的气体得以释放,包括大量 CO_2 和水蒸气,或许还有一些二氧化硫、硫化氢、氮气、氩气、甲烷、氦气和氢气等气体共同组成了原始大气。当富氧大气层出现后,其在数十亿年间持续发展变化,促进了地球系统的演化。

2.5　氧 的 转 换

在早期的地球上,一旦有可以风化的大陆区域,土壤就会发育。此时大气也已形成,水在地表广泛分布。陆地上出现距今约 32.2 亿年前微生物的化石痕迹,这是土壤的最早记录(Homann et al. 2018)。大量证据表明,30 亿年前陆表水域宽广,河流密布,微生物丰富。当时的古河流中含有多种多样的、在现代河流中未曾出现过的沉积颗粒物,如愚人金(黄铁矿,FeS_2)和沥青铀矿(铀矿,UO_2),因为它们在有游离氧的环境中不稳定,会被快速氧化成其他矿物。它们在古河流沉积物中的存在表明地球早期的大气中不含游离氧。但这一时期的岩石中保存有化石土壤,即“古土壤”,说明此时陆地上出现了生命(Crowe et al. 2013),但它们全是微生物,在演化的过程中适应了缺氧的地球环境。

在南非,保留有 29.6 亿年前的 Nsuze 古土壤,记录了地表的初始变化。该土壤在古老的火山熔岩流顶部形成,之后被埋藏于河流和海洋沉积物之下。虽然大部分被侵蚀掉了，但剩余部分的化学形态表明当时有微生物进行耗氧运动，而且熔岩流也是在富氧的大气环境中被风化的。而导致 Nsuze 古土壤化学性质发生这种变化所需的 O_2 大于非生物过程所产生的 O_2 含量，说明当时存在可以通过光合作用产生 O_2 的细菌。

25 亿年前，O_2 的累积速度很慢，在局地的"氧气绿洲"中仅含有很少量的 O_2。它们在大气中逐渐积累后，便被地表的黄铁矿和沥青铀矿等氧化矿物吸收。当这些氧气"汇"饱和后，游离氧开始在大气和海洋中积累。根据距今约 24 亿年的岩层记录推断，当时大气中的 O_2 含量可达现今大气的十分之一左右（但这一观点仍存在很大分歧，Och and Shields-Zhou 2012）。24 亿～21 亿年前，大气中大量游离氧首次急剧增加，促成了本书第 1 章中所介绍的大氧化事件（GOE）。这一事件使得大气中的强温室气体甲烷（CH_4）被氧化成了稍弱一些的温室气体二氧化碳（CO_2），进而改变了全球气候，催生了冰室地球。

产氧光合作用是不可逆的，其将光能、水和 CO_2 转化为碳水化合物，用以储存化学能。与早期生物相比，具备光合作用能力的生物更加高等。而且光合作用的出现，促使其他细菌利用氧气这一副产品开始更高效的有氧呼吸（Soo et al. 2017）。因此，O_2 成了地表广泛存在且可被生物利用的物质，有氧代谢相比于厌氧代谢产生了更多的能量，增加了可被生物圈利用的能量。如果没有这种呼吸方式，动物很可能无法进化出复杂的肢体结构，所以说，大氧化事件对数十亿年以来的生物进化过程产生了长远影响。当然，这并不意味着厌氧呼吸机制完全消失，厌氧呼吸依然存在并不断进化，其对生物圈中的氮、铁、硫和碳循环至关重要，一些生物体还进化出了可以同时进行有氧代谢和厌氧代谢的功能。

在人类世，氮元素的化学性质发生了深刻变化（见第 3 章），在大氧化事件期间所建立的氮循环模式也发生改变（Canfieldet al. 2010）。在这一模式中，植物主要从土壤中以硝酸盐的形式吸收氮或通过细菌的硝化作用固定氮；而土壤中的细菌和真菌又可以将富氮植物组织分解为氨气（NH_3），氨气被硝化细菌转化成硝酸根（NO_3^-），硝酸根再被反硝化细菌的厌氧呼吸作用转化成氮气（N_2）释放回大气中。然而，现今人们大规模地使用化学手段干预氮循环过程，增加植物的氮吸收。这导致维持了 20 多亿年、养育了现今地球上 50%人口的氮循环被打破，也使得一些植物物种消失、土壤养分耗竭、饮用水源污染以及水生生物死亡（Gallowayet al. 2013）。同时，这也对经济、社会和政治造成了影响，这些影响无论好坏都需要公司、社区、农户以及国际组织来处理。这一事例说明，地球系统是如此复杂，牵一发而动全身。

虽然厌氧代谢过程（如反硝化作用）仍在演化发展，但大氧化事件限制了专性厌氧菌的发展，使得主导了地球 10 亿年的生物的栖息地大范围缩小，比如将它们深埋在沉积物中。对它们而言，含氧大气层的演化是一场大灾难。有证据表明专性厌氧菌在大氧化事件中减少了 80%，甚至 99.5%（Hodgskiss et al. 2019）。

大氧化事件后约 10 亿年间，大气中的氧含量未曾超过当今大气的十分之一。在海洋中也是如此，溶解氧仅存在于表层水，深海中一直是缺氧状态。而且没有迹象表明在这十亿年中发生过重大的气候变化或是有重要新物种的出现，因此，地质学家称之为"无聊的十亿年"，这可能是因为海洋的富硫化学性质限制了生命养分的供给。不过，化石记录显示，即使在这种"饥饿"状况下的初期，真核生物（拥有细胞核和细胞器的生物）或许已经出现，这可能是游离氧增加后的另一种连锁反应。

在距今 8.5 亿～5 亿年，即化石记录中动物大量出现之前（距今 5.5 亿～5.4亿年），O_2 含量进一步增加，这一阶段被称为新元古代氧化事件。此时，大气中的 O_2 含量升高至现今大气 O_2 含量的五分之一，促使动物的新陈代谢更加复杂。若非如此，陆地上的维管植物并不能在 4.7 亿年前开始进化。化石中的火事件记录显示，3.5 亿年前大规模的森林开始出现，说明当时地球上的 O_2 含量一直很高，被烧焦的植物化石也显示这一时期的大气 O_2 含量不低于 17%。

可见，地球富集 O_2 的过程极其漫长，持续时间有超过其历史的一半那么悠久。这个过程中包含一些临界点，但在陆地和海洋中出现的时间和程度并不相同。例如，24 亿～21 亿年前的大氧化事件发生在大气和地表中，被地质学家用以划分元古宙和太古宙。而此后的 10 亿年间海洋一直处于缺氧状态。如今技术革新所造就的人类世时期，尽管仅持续了几个世纪，不像大氧化事件那样进行了几亿年，但却可能会对地球能量转化和物质循环产生像大氧化事件那样深远的影响（Frank et al. 2018）。人类世所造成的地球变化不像大氧化事件那样彻底，但发生得极为迅速和突然，从地质学角度看，人类世同样影响着陆地和海洋。在地球深时历史中，还发生了一些其他可以与人类世相提并论的变化，其中有些也是生物有机体造成的。

2.6　气候变化和地球系统变革的前奏

元古宙"无聊的十亿年"被一个绝不无聊的事件终结，在学术领域被称为"成冰纪"，俗称"雪球地球"事件。7.2 亿～6.5 亿年前，地球表面形成了冰壳，覆盖了从极地到赤道、从陆地到海洋的大部分或全部地区（"大部分"还是"全部"的说法存在争议）。在冰封最严重的时期，地球像是木星、土星上的一个冰卫星，而不是我们现在所熟知的由陆地和水域组成的宜居星球。或许有人认为这种环境不适合生命生存，但恰恰相反的是，种种迹象表明成冰纪并没有阻碍反而是促进了有复杂细胞结构的生物体的形成。

在两次冰川事件之间的气候温暖期（持续 1000 多万年）的地层中，发现了有机生物标志物化石，说明在这段短暂的时间内藻类出现，打破了数十亿年来细菌在全球生态系统结构中的"统治"地位（Brocks et al. 2017）。在成冰纪时期，地球系统经历了两个阶段的变革。科学家认为，第一阶段，在冰川作用下地表的大量营养物质被搬运至海洋，促进了藻类的生长，低等动物，如海绵可能也在此时出现了。如果该设想成立，地表极端的物理化学条件可能触发了地球上的另一场变革，促成了更加复杂的生态系统的形成，反过来又引发了第二阶段宙级别的地球系统变革。

在发生更大宙级变化之前，紧跟成冰纪之后，地质学家识别出了埃迪卡拉纪（6.35 亿～5.41 亿年前）。指示冰川时代的富含砾石地层和指示温暖气候的灰岩地层之间有非常明显的边界，说明冰川崩塌极其迅速，或许是灾难性的。这是地球历史上跨越临界点的例子之一。在临界点，初始变化被放大，而后经过正反馈效应变成不可逆转的变化。例如，火山喷发导致大气中的 CO_2 含量增加，进而冰川融化（初始变化）；而后随着冰川融化，冰盖减少，对太阳光的反射减少，海表吸收了更多的热量，使得冰川进一步融化（正反馈机制）。在这种情况下，地球会快速变成另外一种状态，这种快速变化在人类世中也有体现。

2004 年，用砾石-灰岩地层界线定义埃迪卡拉纪的提议获批（Knollet et al. 2006）。这一迟来的认识反映出，在前寒武纪（5.41 亿年前）化石稀少的地层中划定地质年代的艰难，即使是这么鲜明的地层标志也不易被认证。解译这段地球历史除了生物化石还需借助其他类型的证据，比如地层中的地球化学成分、地层的放射性绝对年代等。用这种方式定义地质年代在某种意义上也是一种认知上的飞跃。这是在寒武纪之前的岩石中，第一次通过仔细筛选标志层而定义的地质界线，即全球界线层型剖面和点（Global Boundary Stratotype Section and Point，GSSP），俗称金钉子。其位于澳大利亚南部的埃迪卡拉山上，是从冰川堆积物向暖期石灰岩快速变化的地层，但当时还不确定这一变化在全球是否同步。之后的证据表明当时的冰川崩溃事件在全球范围内几乎同时发生，因此，埃迪卡拉山的"金钉子"代表了一次全球性的、可以在地层中追溯到的变化，也证实了埃迪卡拉纪作为正式的地质时代的合理性。对成冰纪-埃迪卡拉纪之交环境突变的鉴别，是地质学家在全球范围内寻找关联事件的一个重要事例，有助于我们理解地球系统不同组成部分之间的因果关系，以及认识地球演化过程，同样的逻辑体系也适用于人类世的划定。

除去中间的一段冰川期，埃迪卡拉纪算是一个相对稳定的时期。地层中零星分布着一些代表"埃迪卡拉生物群"的化石，包括一些类似于植物叶片的神秘生物，以及与已知动植物均不像的、形状各异的生物。直到最近，科学家才发现岩石中外形呈椭圆形，表面有肋骨状横纹的"狄更逊水母"（*Dickinsonia*）可能是一种动物。在 5 亿多年后的今天，从一些保存完好的化石标本中仍可检测到它们的胆固醇遗迹。大部分埃迪卡拉生物的外形让人印象深刻，但它们不具有迁移性，只是固定在海底生活，从海水中汲取营养。不过，它们只是一场即将到来的地球系统变革的前奏。

2.7　动物革命

从约 5.5 亿年前开始，之后的近 3000 万年里全球（至少在海洋中）发生了重大变革，地球从我们比较陌生的前寒武纪状态，转变成了一个我们熟知的、有复杂多样的生物群体的生态系统。这代表着生物演进过程中的一次重要进化事件，被称为"寒武纪大爆发"。此时动物的外观发生了变化，动物两侧对称，有清晰可辨的头部、肠道和肛门，对生物圈产生了深远的影响。例如，出现了大量海洋生物，生物体的形态和体积明显增加。生物圈中出现了一些终端掠食者，如极其可怕的节肢动物奇虾（*Anomalocaris*），它们身长约 1 m，有一对长长的、用于捕猎的前附肢。这些动物的出现对地球系统的影响更广泛，比如它们通过生活习性改变海水的质地和化学组成，扰动海底沉积物；进化出可以攻击或者防御的动物骨骼，引发了一场生物"军备竞赛"，直到今天，它们仍在推动着生物的演化。

这场持续了 3000 万年的变革（由于持续时间长，该词比地质学家描述的"寒武纪大爆发"更贴切）经历了多个阶段，所以埃迪卡拉纪-寒武纪的地质年代界线划分并不容易。约 5.5 亿年前，沉积物中开始出现潜穴通道，标志着肌肉发达，有头和尾的动物进化出来了。几百万年后，出现了拥有矿化骨骼的生物，这在一定程度上让它们能够抵御捕食者。大约 5.41 亿年前，一种被称为 *Treptichnus pedum* 的独特"螺旋状"潜穴遗迹化石的出现，表明这时出现了活动的蠕虫。在 5.26 亿年前，出现了一些小型壳类化石，它们是动物的骨骼碎片，但具体情况仍是未解之谜。再过 500 万年，寒武纪的标志性化石——三叶虫出现了，并占据统治地位。

在如此漫长时期的众多事件中，应该用哪一个来标记地质年代界线呢？面对这一难题，国际地层委员会工作组需要考虑的关键问题是，用哪个作为地质年代界线更切实有效？问题的关键是全球同步性，而不是事件对地球历史的重要性，因为上述提到的所有事件对地球演化都很重要。地层标记的全球同步性可以最大程度确保全球可对比性，这对地质年代框架的建立至关重要。基于此，1992 年，地层中 *Treptichnus pedum* 遗迹化石的首次出现被作为地层年龄的最佳选择，纽芬兰福琼角（Fortune Head）的一个崖壁被选作"金钉子"。这是一个重要的地层，不仅标志着寒武纪的开始，同时也是古生代和显生宙的开始。

不过，几十年后，一些地质学家认为这一地层界线的选取并不明智。因为 *Treptichnus pedum* 遗迹化石在全球各地出现的时间并不相同，而且在纽芬兰"金钉子"所在的区域发现，遗迹化石最早出现在官方认定地层之下的地层，即更老的地层中。巴布科克等（2014）提议重新讨论埃迪卡拉纪-寒武纪界线，认为界线可能会出现在3000万年跨度内的任何时间点。虽然地层界线正式确定后要至少保持十年不变，但其改变仍有可能，因为正式地质年代界线的划分并非一成不变。埃迪卡拉纪-寒武纪界线的改变并不意味着对地球历史的重新解译，或是要从另一种视角认识地球，而是把地质年代框架中评估的某段历史重新归置在一个不同高度的框架内，以利于进行更有效的分析和交流。这种顾虑方式也适用于人类世，以及地质年代表中的任何一个地质单位。虽然地质年代表应该要稳定，但也不能僵化，可以考虑进一步优化。

2.8　延续至今的宙：生物学特征

从5.41亿年前延续至今的显生宙，仅占据了地球历史中不足12%的时间。然而在大多数地质学家看来，它代表着常见的、化石丰富的地层"常态"，这一阶段有三叶虫、珊瑚、软体动物，偶尔还有恐龙。这些化石不仅是生命进化蓬勃发展的有力证据，也是记录地球精细历史的标准计时器，远比几乎没有化石的前寒武纪的历史要精细得多。19世纪末，早在这一地质时代的具体年龄被界定之前，其历史轮廓便被生物化石勾勒了出来。现今，我们已准确详尽地校正了这段历史。

地质年代表中显生宙及其内部的地层划分，为人类世的建立提供了切实有效的地质背景。国际地层委员会所构建的国际年代地层表（International Chrono Stratigraphic Chart）更为正式地描绘了地质年代，它用整齐的彩色编码标注了主要时间单位（图1）。显生宙仅跨越了地球历史的八分之一，但却占据了地质年代表的五分之四。这是因为人们对前寒武纪的理解并不深刻，但对显生宙（即寒武纪以来）的地质时代划分得极为精细，宙被划分为纪，纪又被划分为世以及下一级的期。那么，显生宙描绘了一段怎样的历史？这段历史又是如何用地质年代划分的呢？

显生宙以来，物种丰富且复杂的生态系统的发展是生物圈演化进程中的重要一步。从寒武纪至今，生态系统的特点是物种迅速更替变化，有时也发生大规模的生物灭绝。当生态系统属性（如物种丰富度、功能多样性和冗余度）的恢复能力被某种环境压力击垮时，导致生态系统崩溃，大量物种消亡，便会出现生物大灭绝。

自寒武纪生命大爆发以来，地球发生了五次大规模的生物灭绝，每次有近70%的物种突然消亡。不过，即使有这些消亡，动物的门（一个非常重要的分类等级）并没有减少，也没有灭绝。这是一个非常重要的事实，说明物种灭绝虽然是灾难性的，但在某种意义上是可以挽救的。生物多样性和生态系统可以随着时间的推移自我修复，由于大规模灭亡而减少的生态种群（如珊瑚群）也可以随时间自我重塑。但是，需要数百万或数千万年才能修复出一个复杂且物种丰富的生态系统，而且新形成的生态系统中所栖居的物种会与之前的迥然不同。

在这五次生物大灭绝事件中，四次被地质学家用来作为纪或世这种级别的重要时期的地层边界，标定了奥陶纪、二叠纪、三叠纪和白垩纪的结束。另一次大灭绝事件发生在泥盆纪晚期，持续时间长达 2500 万年，是一个复杂的多阶段事件，最后一阶发生在泥盆纪-石炭纪之交。这些灾难性事件不仅象征着全球的重大转变，更直观的特点是它们标志着一个生物时代的结束，以及另一个生物时代的开始，也意味着它们的化石遗骸会被清晰地记录在地层中。即使是新手，也可以通过菊石和箭石化石的巨大生物量来识别中生代海相地层。在 6600 万年前，小行星剧烈撞击事件后，这些软体动物及其他许多大大小小的物种突然消失，终结了中生代，随之开始的是新生代和古近纪，古近纪地层中的化石也被其他种类的化石所取代。

白垩纪的结束是地球历史上为数不多的突变事件，至今为止人类世的变化也同样突然，但我们并不知晓人类世的影响在未来几十年、几百年甚至更远的未来是否依然存在。白垩纪末期事件的地层界线理应与遍布全球的薄碎屑层密切相关，这些碎屑层中富含铱元素以及行星碰撞所造成的冷凝岩熔体。由地球内部变化导致的其余四次生物大灭绝事件，历经数千年至数百万年，其地层界线的划定和寒武纪下限的界定一样艰难。

这五次大规模的生物灭绝及其修复间隔，有助于定义大尺度的地质时代。在这些大事件之间，还发生了多次小规模的生物灭绝和爆发，这些事件通常可以为小尺度的、更精细的地质时代划分（如世和期）提供地层标志。

生物圈的其他变化与地质年代表无直接联系。从大约 4.7 亿年前的奥陶纪开始，复杂的陆生植物生物圈开始演化，被冲刷进入海洋沉积物中的苔藓孢子记录了陆地植被的演变（Wellman and Gray，2002）。志留纪时，第一批维管植物出现在陆地并开始进化；约 3.65 亿年前的晚泥盆世时，大规模森林首次形成。随着石炭纪这些森林的扩张，陆地植物逐渐成为地球上生物量最大的生物群体，目前陆地植被的碳储量达到了 4500 亿 t（Bar-On et al. 2018）。植物的蓬勃发展为动物（先是节肢动物，后来是脊椎动物）在陆地上栖息创造了条件，并使得岩石和土壤风化过程发生重大变化，改变了地球化学循环过程（如碳循环）。这些变化在三个地质时期内逐步发展，但并未为任何一个地质时期提供边界标志层。

这并不令人意外，因为陆地生物圈的发展缓慢、零散、保存性差（因为生物化石在陆地上比海洋中更难保存），在不同地区有不同的发展模式。这意味着，在陆地记录中可以用作全球时间标记的具体事件很少。虽然海洋和陆地对比困难，但在海相地层中对这些长期时段建立全球同步的年代标志，对分析陆地生物圈的发展过程是必不可少的。

气候以直接或者间接的方式影响和驱动了生物圈变化。即使在中生代末期的小行星撞击和古生代末期的大型火山爆发事件中，随之发生的气候变化也驱动了生物圈的许多转变。这些气候变化包括：释放到大气中的粉尘和火山灰导致的气候变冷，急剧增加的温室气体导致的全球快速变暖，或两者相继出现。在近现代地质时代中，特别是冰河时代最后一个阶段以来，更为有序的气候变化在定义地质年代表的时间单元方面越来越重要。

2.9　当今的宙：气候特征

地质载体记录了大量年—千年尺度的全球气候变化，我们将在第4章中详细地讨论气候系统，这里主要阐释历史气候变化模式在构建地质年代表中所发挥的作用，以此思考如何将当代气候变化与人类世相联系。

现今，南极南部的某些地方，冰盖厚度超4000 m，延伸超过5000 km。除了巴塔哥尼亚山脉的尖端露出了冰面，其余高地（如甘布尔采夫山脉）都被淹没在了冰盖之下，只能通过物理勘测手段穿透冰层才能观察到。不过，这里也并非一直如此。在6600多万年前的白垩纪，南极洲曾出现过森林，甚至还有恐龙。当时地球处于温室状态，没有永久的极地冰盖。

这种温室状态持续到了白垩纪-古近纪之交，以及小行星撞击导致的生物大灭绝时期。随着冰盖的消长变化，海洋中浮游有孔虫壳体的化学组成会对海水化学性质及水温变化做出响应。有孔虫壳体的化学记录显示，3360万年之前，南极冰盖才开始出现，并在20万年的时间内快速形成，一直保存至今。另外，随着全球CO_2浓度的降低，南极冰盖生长。该事件是地球系统变化的一个临界点，现在代表地质年代表中新生代渐新世的开始。

之后很久，北极地区也开始结冰。大约300万年前，南美洲和北美洲之间的中美地峡关闭，太平洋和印度洋之间的印度尼西亚海道也不断缩小，使温暖的表层洋流动分别流向了北大西洋和太平洋。在温暖的海洋上空，大量水汽聚集并以雪花的形式降落在北美各地，这就是所谓的"雪枪"效应（Hauget et al. 2005）。积雪在北美大陆堆积形成冰盖，通过反馈机制使北半球温度进一步降低，冰盖覆盖范围扩大，在格陵兰岛和北部山区形成厚厚的冰层。气候变化在全球范围内不断扩大。随着气候越来越干冷，风沙席卷了中欧和亚洲地区，使非洲雨林转变成了稀树草原。附带产生的后果是一群古人类物种（人属以及其近亲南方古猿）在这片新开辟的领土上蓬勃发展，并开始直立行走。

3000万年前形成的单极冰盖向两极冰盖的发展，昭示着第四纪的到来。其定义的背后有一段奇特故事，这与人类世有相似之处。早期集中在欧洲的研究显示，两极冰河期的第一次大降温似乎是在大约 180 万年前冷水软体动物进入地中海时发生的，因此第四纪界线就被置于这一时期。然而，之后世界各地的证据表明，大降温实际上发生在约 260 万年前。那些想让地层边界保持在原位置的学者和想让地层边界移到更老地层的学者发生了激烈的争论，前者认为地质年代表应该是稳定的，而后者认为将其设定在 260 万年有利于研究冰河时代的学者识别和使用。长期争论之后，为了让大多数地质学者满意，这个时间界线被改到了 260 万年前（Gibbard and Head 2010）。

　　然而，确定界线层的准确位置并不容易，因为两极冰川并不是突然出现的，而是经历了几十万年。在这一时间尺度上，受地球运行轨道以及自转驱动，第四纪的主要气候模式是冰期-间冰期循环（见第 4 章）。从这个尺度看，这种天文"冰河期起搏器"的调制是循序渐进的（Lisiecki and Raymo 2005），没有重大物种灭绝或事件出现可以作为第四纪的"关键标志物"。第四纪"金钉子"的设定并非基于环境或重大气候变化事件，而是基于地球磁场的偶然翻转，使得北极变成了南极，南极变成了北极。由此产生的几乎瞬时的地磁变化被广泛记录在海洋和陆地地层中，地层中磁性粒子的排列方式发生了明显变化，是界定这一地质时代的强有力的标记物，而其他地质时代则以新的气候状态为特征。

　　第四纪以 100 多次冰期-间冰期气候交替变化为标志，其下限设定在距今第 104 次循环之前。除了一个循环外，其余循环都发生在更新世，占据了第四纪的大部分时间。因此，第四纪以一定范围内波动的气候变化为标志。尽管对于人类世来说，这些变化非常显著，但生物圈已经适应，至少在约 5 万年前人类影响还不显著之前，第四纪的物种灭绝率并没有明显增加。

　　最近一次间冰期被划分为全新世，至今持续了将近 12000 年，在此期间的气候和海平面相对稳定。更新世末次冰期结束时，CO_2 浓度和海平面从"冰期"到"间冰期"的变化持续了 1 万多年，其间发生了一些在北半球更为明显的千年尺度气候突变事件。更新世和全新世的边界被精确界定在 11700 年前。那是北半球最后一次快速、显著地向间冰期状态的变暖，尽管由于极地冰盖的缓慢融化，海平面在接下来的 5000 年还在继续上升。

　　全新世虽然比更新世持续时间要少三个数量级，但在地质学上有非常重要的意义。这一时期，广泛的沉积物堆积形成了供人类栖居的三角洲、海岸平原和河床。全新世相对温暖稳定的气候环境促进了农业发展、定居人群的壮大以及文明城市的构建。也只有在全新世，人们才开始建设村庄、城镇；在几千年的时间里将森林和草原改造成为农田；将狗、猫、猪和老鼠带到世界各地；形成了许多敌对的帝国和统治区。全新世沉积物在部分地区有丰富的考古遗迹，人类活动印记也是这一时期的主要特征之一，正式地讲，这仍然是我们生活的时代。尽管人类活动的影响层出不穷，影响力也日益加剧，但全新世的次一级分类依然是基于地质学基础进行的。最近，关于全新世的三个次一级划分便是基于两次短暂的、仅持续了几个世纪的"气候波动"，而不是人类的活动印记。我们生活在最近的梅加拉亚期，其始于4200年前（公元前2250年左右）。

过去几百年，尤其是20世纪以来，人类影响急剧增加，借用一篇经典文章里的话，可谓是"人类营力超过了自然营力"（Steffen et al. 2007）。在许多学者看来，这一影响程度似乎证实了人类世作为地质年代表中的新"世"的合理性。在接下来的章节中，我们将讨论地球在人类世的境况，以及人类世这一概念的出现和发展。

第 3 章　人类世：地质年代单位和大加速

3.1　古老地球的发现

虽然人类世描述的是最近出现的现象，但最好把它放置在远比人类历史悠久的地质深时背景中去理解。自然哲学家尼古拉斯·斯坦诺（Nicolas Steno，1638—1686）和罗伯特·胡克（Robert Hooke，1635—1703）是最早根据化石认识史前世界的人之一（Rudwick 2016）。18 世纪后期，人们才对地质年代有了更广泛的认识，其中两个关键人物是布丰伯爵（comte de Buffon）乔治斯-路易·勒克莱尔（Georges-Louis Leclerc）和苏格兰农民兼自然哲学家詹姆斯·赫顿（James Hutton）。这些学者所用的多学科思维方式当时被归为常规的"自然哲学"范畴，现在被我们分属于"科学"和"人文"学科领域。也就是说，人们现今对地球深时历史的认识是基于对地球以及人类在地球上的作用的观察之上的。就许多方面而言，我们需要将这一思维方式沿用到人类世的研究中。

布丰（Buffon）是法国大革命前启蒙运动的领军人物之一，与伏尔泰（Voltaire，1694—1778）和狄德罗（Diderot，1713—1784）不相上下。布丰最广为人知的是他对生物学的启蒙，他用大半生的时间出版了包含 36 卷的百科全书《自然史》（*Histoire Naturelle*），也因此建立了声誉。1778 年，晚年的他又出版了另一本《自然史》（*Les Époques De La Nature*）（Buffon 2018），内容简短生动（曾有同行因为内容过于生动，指责他像是在写"侍女和男仆们"），可以说是第一部以科学为基础的地球历史书。

布丰认为，地球是从熔融态经冷却、凝固而成的球体，水蒸气凝结汇聚成了海洋，原生岩石经风化、改造后形成了沉积地层，火山大爆发和洋盆下沉塑造了大陆。不同形式的生物出现又消亡，布丰很清楚，他在乡下庄园周边采集的菊石和箭石代表的是已经在地球上销声匿迹的物种。他将地球历史分为七个世，代表地球活动的不同阶段，并提出人类在最后一个阶段才出现，在这一阶段的晚期，人们为了种田和筑城开始砍伐森林，改变了气候状况，还驯化了植物和动物，改变了它们的天性。

为了构建地球历史，布丰不得不打破《圣经》中所描述的地球有 6000 年历史的说法。他说，按照实验方法计算铁球从红热到冷却的过程，地球至少需要 75000 年才能冷却。而且他在《自然史》（*Les Époques De La Nature*）中写道，由于地层厚重，地球冷却的时间可能更长（在他的私人日记里推测是300万年）。他深知所出版的地球年代表是对宗教的挑衅，所以在书本的首页中声明，他的"纯理论"观点并不影响《圣经》中"不变的真理"。这一措辞谨慎的声明多少起了些作用，虽然也有一些神职人员对此不满，但也使他得以免受残酷迫害。

布丰定义的地球年代表很长，但也很有限，只有一个周期，人类也是后来才加入的。对布丰来说，如今地球上的山脉是地球表面热胀冷缩形成的侵蚀褶皱。几年后，詹姆斯·赫顿提出了一个更长的地球年代表，他认为地球本质上是无穷尽的，包含地表被破坏、修复的多个循环。赫顿的关键证据来自他在探索苏格兰南部地表景观时发现的更老的地貌遗存（见第2章）。他将地球的历史视为连续往复的循环，"既没有开始的痕迹，也没有结束的预兆"（Hutton 1899 [1795]）。

3.2　地质年代表的建立

地质年代表的形成建立在对古老的、不断变化的地球的新认识上。理解人类世，关键要明白人类世是基于代表地质年代和地质事件的连续地层基础上的，而不是基于布丰提出的"世"这一历史年代上的，虽然这一历史年代也是从地质证据中推断出来的。1759年，意大利采矿工程师乔瓦尼·阿尔杜伊诺（Giovanni Arduino，1714—1795）在写给他大学同学的几封信中，描述了他对意大利阿尔卑斯山岩石层的可行性分类：先是山上的"原生"结晶岩，上面覆盖的是"次生"硬化地层，再往上是山麓处的"第三期"软地层，最顶部是新沉积的"第四期"地层，后被称为第四纪。

阿尔杜伊诺的分类方式演变成了我们今天使用的、将明确的地层单位作为时间单位的地质年代表：侏罗纪的地层是侏罗山的石灰岩，石炭纪的地层是富含煤炭的岩层，白垩纪的地层是西欧特有的白垩层（粉状灰岩）等。对地层的强调形成了地质学上特有的、以岩石和时间单位命名的"双重命名法"。因此，既有一个"侏罗系"（世界各地都有的属于侏罗纪时代的地层，可近距离接触，也可以敲打、取样和测量），也有一个完全平行的"侏罗纪"（在这些岩石所代表的时期，恐龙繁衍生息，火山多次爆发）。几乎所有的地质年代都只能从地层证据中推断出来，所以地质学家认为，强调岩石记录的"双重命名法"是地质年代表的精髓。

事实证明，这种命名法提供了一种通用且有效的语言，使我们可以在漫长的地球历史中遨游。地球并不像赫顿猜测的那样无穷无尽，而是有尽头的，约有45.4亿年。我们人类，或者说智人，在地球历史上出现得很晚，约30万年前才出现，当时属于第四纪更新世（地球在260万年前进入第四纪，这是唯一从阿尔杜伊诺分类中沿用的正式单位）。在最后一次冰川消退后，也就是始于11700年前的全新世时期，人类开始了定居生活，并逐渐扩张。

　　这些是将人类世作为正式的地质时代需要考虑的大背景。继布丰之后，在19～20世纪，也有一些零星的观点认为人类正在改变地球的地质环境。不过，这些观点并非来自修订地质年代表的地质学界。很多时候，许多地质学家即使听到了这一提议，也将其视为边缘观点。

3.3　人类世概念的前身

　　人类已经改变了地球系统这一观点至少可以追溯到17世纪。尽管缺乏对地球深时历史背景的了解，但勒内·笛卡儿（René Descartes，1596—1650）和弗朗西斯·培根（Francis Bacon，1561—1626）等思想家在布丰和赫顿之前，就提出人类拥有一种可以支配自然的力量。科学史学家雅克·格里内瓦尔德（Jacques Grinewald）研究了人类世概念的早期来源（Grinevald 2007；Grinevald et al. 2019），并论证了其与现代概念之间的微妙关系（Hamilton and Grinevald 2015）。

　　在19世纪中后期，"人类代"（Anthropozoic）一词出现，其初衷是"通过神谕维护人类对世界的主权"（Hansen 2013）。该词之后被威尔士神学家和地质学家托马斯·詹金（Thomas Jenkyn 1854a, b；Lewis and Maslin 2015）、都柏林地质学教授兼牧师塞缪尔·霍顿（Samuel Haughton 1865）相继使用。再之后，意大利牧师和地质学家安东尼奥·斯托帕尼（Antonio Stoppani）曾在《地质课程》（*Corso di geologia* 1873）中使用该词。斯托帕尼宣称人类是"古代世界未曾出现过"的新力量，不仅改变着现在，也将改变未来。

　　其他与"人类代"相近的术语也相继出现。19世纪70年代，美国地质学家约瑟夫·勒康特（Joseph Le Conte）提出"灵生代"（Psychozoic）一词以替代被广泛使用的地质时间术语"近期"[Recent，起初由英国知名地质学家查尔斯·莱尔（Charles Lyell）提出，意指冰期之后的时间，最终被全新世一词取代（Gervais 1867-1869）]，意为"人类的时代"（age of human）。还有一个俄罗斯词语叫"人类纪"（Anthropogene），有时被转录为人类世（Anthropocene）。但该词实际上是第四纪的同义词，即冰河时代，并没有类似"人类代"和"灵生代"那样人类主宰地球的含义。

　　在地质圈之外也出现了相关术语"智慧圈"（Noösphere），意为"人类意识的圈层"，由哲学家/牧师和古生物学家德日进（Pierre Teilhard de Chardin）、哲学家和数学家爱德华·勒罗伊（Édouard Le Roy）及俄罗斯科学家弗拉基米尔·维尔纳茨基（Vladimir Vernadsky）于20世纪20年代在巴黎首次提出。当时，"美国现代环境保护主义之父"乔治·珀金斯·马什（George Perkins Marsh 1864，1874）已经从环境和地理角度对人类影响进行分类，之后罗伯特·夏洛克（Robert Sherlock 1922）从地质角度对人类影响进行分析，收集了大量人类开采的矿物、煤炭以及土壤和岩石。

从简单直接的地质学，到抽象思维，再到宗教信仰的这一系列观点，都认为人类给地球带来了一些新的强烈的变化。与此同时，地质学研究越来越清晰地展示了地球在过去几十亿年的变化历史，包括巨大的地理变化、物种兴衰更替等，其中有些是灾难性的毁灭。在这样的背景下，地质学家认为人类的影响力微乎其微。爱德华·威尔伯·贝里（Edward Wilber Berry 1925）在谈及"灵生代"时，表达了一个在 20 世纪地质学家之间普遍存在的观点，认为人类活动产物具有地质规模级别的影响是一种"错误的假设，从原理上讲是完全错误的"，而且"是一种从中世纪日心说中延续下来或者返祖的原理"。

即便是在浩瀚的地球历史进程中，人类活动也可能具有重大意义，这一观点仅在第二次世界大战后才陆续出现。海洋、大气圈、地球生物化学循环以及地球生物结构的相关研究，为我们理解人类影响的性质和规模提供了关键证据，不过这些影响仍在加剧并表现出新的形式。其中，新近出现的环境研究影响尤为重大。例如，罗马俱乐部（Club of Rome）撰写的《增长的极限》（*The Limits to Growth*）颇具影响力。20 世纪末，国际地圈-生物圈计划（International Geosphere-Biosphere Programme，IGBP）也发挥了关键作用，在该项目中，"地球系统" 作为一种高度综合性学科得以发展，用以分析气候变化、酸雨、生境破坏和生物多样性丧失等新兴环境问题。

人们逐渐意识到，从地质学角度看，一些变化尽管发生在一瞬间，但其影响会持续数千年，甚至数百万年。1992 年，科学记者安德鲁·列夫金（Andrew Revkin）在一本关于全球变暖的书中提到，地球已经进入了"人类世"（Anthrocene）。1999 年，生物学家安德鲁·桑韦斯（Andrew Samways）提出"同类世"（Homogenocene）一词，以突显物种入侵的空前规模和全球性，而渔业生物学家丹尼尔·保利（Daniel Pauly 2010）则提出了"黏液世"（Myxocene）一词，即水母和黏液时代，以反映人类驱动的海洋变化。

3.4 保罗·克鲁岑的介入

上述提到的所有概念都有证据支撑，但其影响力均不及保罗·克鲁岑（Paul Crutzen）2000 年在墨西哥举行的国际地圈-生物圈计划会议上提出的"人类世"（Anthropocene）一词。克鲁岑对会上不断提及的全新世中出现的各种全球变化感到恼火，他打断讨论说道："我们已经不再处于全新世了，而是……"，克鲁岑稍加停顿整理情绪后说道，"是人类世（Anthropocene）"。这一现场发挥的词成了会议上的热议话题。会后，克鲁岑对其深加研究，发现湖泊生态学家尤金·施特默（Eugene Stoermer）曾创造了该词，并被他的同事和学生使用。他联系了从未谋面的施特默，两人在《IGBP 通讯》（*IGBP Letter*）上联合发表了这一名词。2002 年，保罗·克鲁岑在《自然》（*Nature*）杂志上又发表了一篇仅 1 页的文章，才使得该名词得到更广泛的关注。保罗·克鲁岑虽然是一位大气化学家，并非地质学家，但他所提出的空气和海洋的化学性质发生变化、生物圈受到极大干扰的理论，以及他曾公开宣称的全新世已经结束的说法，推动着人类世成为新的地质时代，其开端被保罗·克鲁岑定于工业革命时期。

"Anthropocene"战胜了"Anthrocene"一词，并不是因为它的音节增加了，而是因为它的提出者德高望重。安德鲁·列夫金（Andrew Revkin）是一名有科学素养、有远见的记者，但保罗·克鲁岑（Paul Crutzen）当时是全球高被引学者，有一个庞大且极具影响力的团队。可以说，保罗·克鲁岑是在对的时间、对的地点，以对的方式，创造了一个被迅速广为传播的词。随即，"人类世"被国际地圈-生物圈计划（IGBP）和地球系统科学界以一种既定的事实使用（Meybeck 2003；Steffen et al. 2004），就好像这是一个标准术语。这些领域的科学家几乎没人意识到或者考虑到，地质地层学家在评估和验证地质年代表的正式单位时，还需要经过复杂的官方程序。

3.5　地　质　分　析

后来，地层学家渐渐意识到，保罗·克鲁岑随口提出的这一术语经常出现在文献中,其影响力绝非昙花一现。2006 年 5 月,伦敦地质学会地层委员会(Geological Society of London's Stratigraphy Comission)开始讨论这一问题。这是一个国家级机构，对国际术语没有官方命名权限（这是国际地层委员会及其各小组委员会和工作组的权限），但可以对术语进行审议，并发表意见。2008 年，伦敦地质学会地层委员会中的 21 名专家（根据他们的专长技术选出），代表学术界、工业界和国家研究机构在《今日美国地质学会》（*GSA Today*，Zalasiewicz et al. 2008）期刊上发表了一篇讨论型文章，初步讨论人类世是否可以被考虑列入地质年代表中。

对这一术语的评估需要万分谨慎，一方面这一工作刚起步；另一方面则是因为地质年代表是地质学的标尺，解译了地球 45.4 亿年的浩瀚历史和众多复杂的岩石记录，一旦形成便确定下来，就会成为不同国家、不同时代的地质学家的通用语。必须基于充分的证据，才能对地质年代表进行增设或修改，同时每一次变更需要得到参与决策的地质学家的绝对支持，每一阶段的赞成票至少要高于 60%。因此，地质新时期的建立并不是一蹴而就的，决策过程可能需要几十年。事实上，地质年代表中有许多已长期使用的单位尚未被正式确立和审批。例如，白垩系的基底（同时也是白垩纪的起始时间）尚未被正式确立，这并不是因为对白垩纪作为正式的地质时期存在疑虑，而是因为技术流程复杂且耗时。另外，也有一些未被正式确立的术语已被广泛使用，如"前寒武纪"和"第三纪"，但科学家非常清楚它们的性质和局限性。其他领域很少像地质学领域那样，采用如此缓慢、拘泥的方式定义地质年代，这也是人类世的一个重要背景。

地质学界评估人类世的方式与保罗·克鲁岑及其同事不同。在提出人类世时，地球系统科学家考虑的是环境参数的变化，包括大气中新出现的化学成分、物种灭绝或迁徙；地质学家则是在岩石中寻找全球变化的印记，这几乎适用于所有的地球历史。了解地球历史的唯一指南就是岩石档案，如动植物化石、化学组分、矿物组成、地层结构。根据这些地质指标证据，过去的气候、地理、生物圈健康与否、火山爆发以及地球上其他事件的演化历史得以重建。随着研究的推进，地球历史将愈发明晰。再没有其他方法可以帮我们如此深入地理解地球的浩瀚历史了。

所以，地质学家并不太关心历史事件本身，因为这些事件早已无影无踪，只能通过模型或叙事得以重建，它们的真实性需要有证据证实。准确地说，他们关注的是基于地层（即化石沉积层），以及地层中包含的所有信息的证据，这些地层构建了与年代学平行的年代地层表（Zalasiewicz et al. 2013）。因此，地质学家主要聚焦于假定的人类世地层序列，包括在人类世时期沉积的所有地层。这些地层证据是我们比较现代（此时人们已经开始系统观测）和古代（当时的事件只记录在了岩石里）变化的重要基础。

对于古老的纪元而言，地层在很久之前便已沉积，记录着纪元的开始（最老的地层，沉积在更老的地层之上）和结束（最新的地层，之后会被更新的地层覆盖）。我们现在所处的时代严格意义上来说还是全新世，在过去11700年形成了连续沉积层，无论全新世还会持续多久，都会有沉积层正在形成，也有沉积层还未形成。如果人类世被正式确定为一个新纪元，那么现今被认为是全新世的最新地层将会归入人类世。

岩层可以记录一系列令人惊讶的过程。例如，1950年以来，在冰芯中检测到了微弱的、可以破坏平流层臭氧层的氯氟碳化合物（属于氟利昂）信号（氯氟碳化合物可以破坏臭氧层这一发现，使保罗·克鲁岑名声大噪）；冰芯中还保存有CO_2和甲烷气体。另外，大气中由人类活动排放的额外CO_2，继承有化石燃料的碳同位素特征，会被海洋浮游植物、珊瑚以及树轮吸收并保存下来。这些记录有些是不完整的，比如生物圈演变史多记录在有骨骼结构的生物体化石中，在软体生物化石，如水母中很少见。但尽管有这些差异和不足，地层记录仍然承载了地球由近及远的历史，而且新型替代指标正在开发，有望进一步丰富地球历史。

伦敦地质学会的初步评估结果使他们受到了国际地层委员会下设的第四纪地层委员会的邀请，并成立了国际人类世工作组，以正式审查人类世被列入地质年代表的可能性（从更技术的层面讲，审查人类世被列入国际年代地层表的可能性）。

正如一位工作组成员所说，这一过程与其他地质年代的审核过程相比，本质上是颠倒的（Barnosky 2014）。之前的地质年代，如侏罗纪、寒武纪、更新世和全新世，都是基于对地层的长期研究后，代表年代地层学（实际上代表地球历史的不同时期）的"时间-岩石"概念才出现。而人类世的出现几乎没有考虑地层记录，所以工作组的一项主要任务便是验证（如果有必要，可以破坏地层）国际地层委员会提出的地层证据。

另一个与其他地质年代建立过程不同的是人类世工作组的成员结构。此前的工作组几乎完全由地质学领域的专家组成，如古生物学家、地球化学家和精通岩石测年的专家。而在人类世的研究范畴里，人类和环境历史常常与地质学不可避免地重叠、交织在一起，这就需要地质学领域之外的专家参与其中。因此，考古学家、地理学家、地球系统科学家、历史学家、海洋学家和其他专家受邀与地质地层学家合作研究人类世。而且还有一位国际律师一直在协助探索人类世正式建立后，适用于更多社会群体的制度，这在地质年代表的其他时期从未出现过。

我们要解决的主要问题十分明确：人类世的地质真实性能经得起检验吗？这没人能保证。如果细查人类世的特征后发现其是全新世渐变过来的，那么人类世可能更适合作为非正式术语描述人类对地球的影响。解决这一问题部分取决于如何清楚地描述人类世这个潜在地质年代的特征、定义和依据。更为重要的是在全球范围内必须有清晰且同步的变化可以界定地质年代的界线。对同步性的要求在一定程度上源于许多地质变化的穿时性。一个典型的例子是海滩上的泥沙随海平面变化而移动，同一泥沙层中的沙砾可能来自不同时代、不同地方。

因此，许多地质年代的边界多少有些不同步。岩石地层单位尤为如此，它们就像是一个古老的沙滩层。以化石为基础的生物带（称为生物地层单位）也是如此，这些生物化石通常被用于标定岩石年龄，但这些生物从最初进化的地方迁移到世界各地需要时间，所以生物地层很少具有精准的同步性。年代地层学或地质年代学的同步性界定条件提供了一个从不同时空纬度，以最精确、最清晰的方式描绘地质复杂历史的框架，这一条件在其他领域并不需要。例如，考古学（见第6章）用以描述人类文明演进程度的时间单位，如中石器时代、新石器时代和青铜器时代，它们的时间边界随地区不同而不同。

年代地层边界同步性的意义比地球系统的变化还要重要。例如，在奥陶纪-志留纪之交，出现了地质构造隆起，并伴随有短暂而剧烈的冰川及海平面升降事件、两次间隔很近的生物大灭绝事件，以及海洋缺氧事件。然而，地层边界并没有以这些推动了奥陶纪向志留纪变化的重大事件界定，而是选用了比这些事件都稍晚一些的浮游动物化石出现的事件。这虽然是一个小的环境变化事件，但被认为是全球最好的时间标记事件（Zalasiewicz and Williams 2013）。同步性这一前提条件严格限定了人类世存在于地质学的可行性，这与考古学、生态学和历史学等其他学科无关。

另一个重要问题是人类世的年代单位层级，应该把人类世设在较高等级如纪/系，意为第四纪已经终结（Bacon and Swindles 2016），还是代/界级别？抑或是把人类世划分为全新世的一个分期？这里需要考虑的是对地球系统变化的感知程度及其对整个地质年代表构架的意义。目前，人类世工作组的大多数成员都认为将人类世划分为"世"更为保守、合适（Zalasiewicz et al. 2017a），因为与人类世相关的地球变化足以产生一个不同于全新世的地球系统，并产生长期的地质后果。这是衡量人类影响的一种方法。

3.6　人类世从何时开始

接下来，人类世的起始时间（或基底）很快成为热议话题。克鲁岑（Crutzen 2002）建议将人类世的开端设在 1800 年左右的工业革命时期，这一提法乍一听似乎很合理，与欧洲大规模工业化和化石燃料开始使用的时间大致相当，也与大气中 CO_2 含量开始急剧增加的时间相吻合。但是对地质学家来说，重要的是在这一时间或近似的时间并未出现明显的、急剧的且全球同步的地质标志。随着人们对人类世关注度的增加，针对人类世开端的其他建议相继出现，涵盖了一个广泛的时间范围。

研究人类文明发展史及其与环境相互作用的学者强调人类活动的重要印记，这一印记从狩猎、砍伐森林、耕作一直回溯到全新世，甚至到更新世（详见第 6 章）。虽然这些变化大多具有渐进性、区域性和高度穿时性，但有些变化据推断可能是全球性的。如早期农耕被认为造成了 7000 年前 CO_2，以及 5000 年前甲烷的小幅但持续的增长（Ruddiman 2003，2013）。虽然这一推断现今仍存有争议（见第 4 章），但不管怎样，所有这些关于人类早期活动影响的证据已备受关注，支持了"早期人类世"说法，意指人类活动的影响在"几千年前"就已开始。

不久后，青铜时代晚期（距今 3000 年）或罗马时期（距今 2000 年）铅矿冶炼产生的金属污染信号（Wagreich and Draganits 2018），以及罗马时期以来欧洲农耕所导致的土壤变化信号（Certini and Scalenghe 2011）也被提议作为人类世的一种可能的地层边界。另外，新大陆被发现后，人群与生物群的"哥伦布大交换"被认为是导致全球变化的重要因素，据此人类世的边界被提议划分到 1610 年左右，地层标志是殖民群体瓦解后（实际上是种族灭亡），森林植被再生所导致的大气中 CO_2 含量的短暂下降（Lewis and Maslin 2015）。

人类世应该成为一个正式的地质年代吗？有地质学家指出，由人类影响导致的全球变化尚未达到顶峰，更为谨慎的做法是对全球变化是如何演绎的有了更明确的认识后再做决议（Wolff 2014）。也有人指出，人类世地层是否太薄，不足以建立一个新的地质年代单位? 又或是人类世是否更像是在描述人类历史而非地质历史? 应该更多地以未来为基础而非现在? 人类世更像是反映了一种政治观点而与科学研究无关 (Autin and Holbrook 2012; Gibbard and Walker 2014; Finney and Edwards 2016)? 而我们需要处理好所有这些争议和评判。

3.7 大加速及其地质记录

鉴于这些截然不同的观点, 是否有可能从地质学角度给人类世一个明确的定义呢? 一个有效的年代地层界线意味着其广泛存在于附近年代的地层中, 而且地层标志要足够明显独特, 足以客观而非主观地 (或出于政治目的) 定义一个新的地质年代单位 (Waterse et al. 2016; Zalasiewicz et al. 2017b)。

这需要人们谨慎地权衡, 因为人类世划分的时间跨度越长, 用地层描绘人类世的物理意义就越容易, 但如果这个时间跨度太长, 又会侵占全新世这个早已确定好的年代单位。关于"早期人类世"的提议实则是想取代全新世, 以强调早期人类的影响。这种更名并不现实, 因为全新世的概念已经根深蒂固, 并得到了大量学者的支持, 也已在地质领域被广泛接受。从地质学角度看, 任何人类世的正式定义, 都必须遵循而不能颠覆最近批准的定义, 以距今 8200 年和 4200 年为边界对全新世进行正式的三期划分, 这两个时期都发生了可感知的、短暂的全球性气候事件 (Walker et al. 2012, 2018)。这些细微的区别对于解答非地质学家所提出的如何概念化人类活动对地球的影响这一问题也具有重要意义。

目前对于人类世界线的大多数提议都不易在地层中找到全球同步的信号。欧洲的工业革命, 近乎可以被当作是现代文明的开端 (Crutzen 2002; Zalasiewicz et al. 2008), 在帝国主义、殖民主义、工业化和后殖民主义的推动下, 经过了 200年才陆续在全球得以传播, 其所导致的 CO_2 含量的增加过于缓慢, 无法作为一个有效的标志信号。而且, 这一时期的前后时段也没有任何明显的非人类活动印记 (从功能上讲, 这也同样适用)。1815 年印尼坦博拉火山喷发虽威力巨大, 但火山灰仅扩散到了北半球的大部分地区, 并未扩散至全球。

大加速的概念源于当时由澳大利亚地球科学家威尔·斯特芬 (Will Steffen) 领导的"国际地圈-生物圈项目"。2004 年, 斯特芬等用 24 张图整合了 1750 年以来, 与人类社会经济和地球动态有关的大量数据 (Steffen et al. 2004), 并在 2015年对数据进行了更新 (Steffen et al. 2015a)。其中 12 张图描述了人文因子, 包括人口、经济、通信和资源利用; 另外 12 张图描绘了地球系统因子, 包括温室气体、生物圈退化和氮排放。虽然相关领域的科学家知道这些指标自英国工业革命以来在持续增长, 但令他们惊讶的是这些指标在 20 世纪中叶开始急剧增长, 而且这一现象先前就已被约翰·麦克尼尔 (John McNeill) 等历史学家注意到了 (McNeill

2000；McNeil and Engelke 2016）。基于此，"大加速"一词在 2005 年达勒姆会议上被提出（Steffen et al. 2015a），并于两年后正式发布（Steffen et al. 2007），被解释为人类世的"第二阶段"，紧随欧洲帝国从世界各地掠夺资源和工业革命之后。

通过对比图中列出的生态、地理、社会经济过程与它们在地层中的印记，大加速被认为或许能够为人类世提供一个有效的地质起点（Waters et al. 2016；Zalasiewicz et al. 2017c）。这是一种汇总分析，虽然涵盖一些对人类世地层的初步研究，但主要是为了其他目的而对数据进行的重新解译和整理（Swindles et al. 2015）。地层效应可分为物理（岩石地层学）、化学（化学地层学）和生物（生物地层学）三类地层特征。

3.8　人类世的物理沉积物

岩石地层学是根据岩石的物理特征对其进行正式分类，其中岩石构造是最常用的分类依据。岩石地层学的边界通常具有穿时性，如前面所提及的海滩上的泥沙层，但也不排除一些地层几乎是同步的，比如火山喷发形成的单个火山灰层，在几个小时内就能扩散至非常大的区域范围。不过，这并不意味着地质学家会忽视其中细微的时间差异。这种可怕的火山碎屑扩散现象又被称为火山碎屑密度流，它们像特快列车一般快速穿越地表，覆盖在炽热的火山灰上。在这些几乎但并非完全瞬时形成的沉积物中，火山学家依旧辨识出了碎屑等时面，即用矿物或化学标记物指示熔岩流前进的位置，这些痕迹的形成可能仅相隔几分钟。

因此，仅地质学家以数百万年为单位进行思考就是一个传奇。他们以在特定情况下能达到的最大时间分辨率为单位进行工作。例如，地质学家在划分白垩纪和古近纪的界线时，根据行星大撞击事件在全球范围内产生的富铱碎片层，发现了一个非常细微的时间差别。被选定为"金钉子"（GSSP）的地层位于突尼斯碎片层底部，距离墨西哥的撞击地点有数千千米。因此，在突尼斯和墨西哥之间的区域，碎片层的形成可能相差几个小时，这一地区的地层属于白垩纪最晚期，而不是古近纪初期，这是一个微小复杂的技术差异。据此，科学小组提出白垩纪结束了，而后古近纪在撞击的那一刻开始了，因而将所有撞击沉积物归于古近纪。虽然这一处理方法有点不合常规，但却具有独创性且行之有效。

因此，在定义人类世时，任何一个小时段都很重要（就像证据显示的古代地层中的小时段重要一样）。视情况不同，沉积地层可能是近乎同步的，也可能是产生于不同时间的，所以可以与地层年代边界几乎相同或大有不同。

这些沉积地层由矿物组成（通常为晶体化合物，成分固定），进而形成岩石（一种或多种矿物组合而成），其用于定义古代地质年代的方式较为单一，因为多数情况下，新形态的矿物和岩石在地球历史上非常罕见。同类型的岩石和矿物质往往会反复出现，偶尔会出现一些新形态，可以帮助我们识别和定义地质年代。最著名的一个例子是 24 亿～21 亿年前，微生物进化出光合作用，为大气提供了游离氧（见第 2 章），地球表面第一次开始生锈，继而出现了一系列氧化物和氢氧化物矿物质。这是时至今日地球上出现新矿物的重要阶段（Hazen et al. 2008，2017），此后地球上共出现了约 5000 种不同的矿物质，大多数都是稀有矿物。

随后，新型岩石类型和结构不断出现（或消失），通常意味着地球系统发生了一些重大转变。例如，与寒武纪开端（以及古生代和显生宙的开端）有关的多细胞动物进化和多样化，促使受到生物扰动的沉积岩大片出现。生物扰动地层是显生宙标志性特征之一，在前寒武纪从未出现过。再如，石炭系煤矿的大规模出现说明石炭纪时植物已经蔓延到了陆地；中生代时期，海洋中可分泌碳酸钙的海洋浮游生物发生进化，其微小的骨骼在海底大量积累形成了一些奇特的岩石，如白垩，因而得名白垩纪。

在矿物、岩石和地层与人类世的关系上，衍生了一些分类和术语问题。根据国际矿物学协会的最新修订，人造无机晶体化合物（Nickel and Grice，1998）被正式从矿物中剔除。在修订之前，官方获批的人造矿物或人类导致的矿物约有 208 种。但除此之外，还有多少更为独特的人造无机晶体化合物呢（除了有正式名称的其他所有矿物质）？由于这些人造化合物可以作为人类世的有效地层标志物，所以这个分类问题很重要。

大自然的产物与材料科学家在实验室研发的人造化合物（不管是被正式命名的还是没有命名的）相比相形见绌。黑曾等（Hazen et al. 2017）引用德国莱布尼茨研究所的无机晶体矿物数据库，指出有超过 18 万种无机晶体化合物（即人造"矿物"）。在我们撰写本书时，这一数据已达 19.3 万种。现今凭借人类智慧和技术，每年合成的矿物种类比地球 45.4 亿年以来的自然矿物还要多。因此，黑曾等（Hazen et al. 2017）将人类世描述为一个"前所未有的无机化合物多样化"时代，同时他们也注意到，在采矿、制造和贸易过程中，人类对自然矿物进行了史无前例的重新分配。

几乎所有的"人造矿物"（http://icsd.fiz-karlsruhe.de）都是 1950 年以来在越发精密的化学实验室合成的，可用以反映或者作为"大加速"的一部分。这些新"矿物"大多产量较少，但也有些被大量生产。塑料是一种新型的类似矿物的合成物，于 20 世纪初首次合成，但直到 20 世纪中期才在全球范围内大量生产，全球塑料产量从 1950 年的约 100 万 t/a 增长到了现在的超过 3 亿 t/a。现已生产的塑料超过了 90 亿 t，其中有超过 60 亿 t 成了废弃物（Geyer et al. 2017）。塑料极易被风或水搬运，而且不易降解，已经成为地球物质循环的一部分，几乎已经污染了所有沉积物，包括偏远的海滩和深海海底（Zalasiewicz et al. 2016a）。

在地质学中，还有一种新型人造岩石，包括各种陶瓷和砖，其中产量最大的是混凝土。混凝土虽然在罗马时期就已出现，但在第二次世界大战之后才在全球范围被大量使用，至今在地球上的含量约为 5000 亿 t，有近 99% 是第二次世界大战后生产的，足以覆盖整个地球表面，包括所有陆地和海洋（Waters and Zalasiewicz 2017）。这些独特的矿物和岩石是人类世地层的组成部分，与其他地层一样，可以通过物理特征，用岩石地层学方法进行分类。

从这个意义上说，"人类世地层"涉及的时间和物质的相互关系特属于地质学领域，在其他领域是不常见的。如我们前面所讨论的，如果将人类世作为年代地层单位，其是用时间进行定义的。而当在地层中追溯人类世时，它的起始时间是根据全球同步性定义的。人类世地层并不一定是人类创造或影响的地层，也并非所有人类影响的地层都是人类世地层。它们既包括不受人类影响的、经受风吹的撒哈拉沙漠，也包括人为产生的矿渣堆和城市"人造地面"。伦敦地下的碎石层最底部可能有 1000 多年前的罗马瓷砖碎片，中部可能有中世纪的陶器，上部可能有大量第二次世界大战后的混凝土和塑料废弃物。这些都是人为导致的，但就年代地层学而言只有最后一层属于人类世。就其漫长的时间跨度而言，它们都是考古圈的一部分，区别只在于下面的"自然"沉积物（Edgeworth 2014）。在整个碎石层中（可被归类为一个岩石地层单位），可以找寻一个时间界线，使其不管用何种证据进行分类，都可以将界线前后的碎石层分别归属于全新世和人类世两个时期（Terrington et al. 2018）。

这种情况是所有地层研究的常态，对于前寒武纪，人们极其谨慎地将曾被称为"三位一体"的岩石、时间和化石（现今包括许多其他现象，如化学和地磁模式）区分开。有人认为这是保证地质学客观性的方法。因此，人类世地层需要考虑人为和非人为两种类型，并将两种类型当作一个连续体的终端，而不是完全不同的类型。

并非所有直接或间接人为形成的沉积物在传统意义上都属于"地质学"范畴。地质图中长期以来都含有"人工沉积物"这一分类，即在城区地下重新沉积的土壤、岩石和碎石层。其上面的建筑通常不被认为是"地质学"的研究内容，尽管它们大多是由地质成分组成的，如沙子、碎石和泥土，而且终究会再变成这些成分。同样，车来车往的路面通常不被视为地质单元，但其所依托的路堤却可以。当然，这是一种有主观意识的分类方式，类似于上面讨论的矿物分类。实际上，人造城市与白蚁巢穴或珊瑚礁类似，都是生物介质对地球表面的一种改造方式。

如果将人类世作为一个地质时期，这一时期至今仅有 70 年，约为人的平均寿命那么长。但是，这短暂时间内生成的人类世沉积物绝非是微不足道的。人类重新修建、运输和丢弃的废弃物总量约为 30 万亿 t，其中城市废弃物约占三分之一（Zalasiewicz et al. 2016b），这相当于在每平方米的地球表面放置约 50 kg 废弃物，或在全球地面覆盖几十厘米厚的碎石层，这些大多是在人类世形成的。当然，其中有很大差别，城市、填埋场、采石场和矿区的人造废弃物多达几十米厚，但在偏远地区的废弃物可以被忽略。不过即使如此，地球上废弃物的平均厚度也远超过了任何长期地质背景下地表侵蚀和堆积的速率，折射出 20 世纪人类重塑地表景观的巨大营力。可以说，与家用汽车相比，推土机大概是人类世更有力的象征。

管道、隧道、地铁系统、矿井、钻孔或其他向地下拓展的活动是一种"人类扰动作用"（Zalasiewicz et al. 2014a；Williams et al. 2019）。该词源于生物扰动一词，生物扰动指穴居生物对沉积物的搅动，人类扰动与之类似，不过规模要大得多，可以延伸至地下数千米。如果没有侵蚀作用，这一"扰动"产物很可能会被保存数百万年。

伴随着自然沉积物的堆积，人类世的人为沉积物也会堆积保存在陆地、河流、湖泊、海底和极地冰川中，也被认为是地层。即使其中仅含有微量的时间标志物，如塑料，也是人类世的一部分。在人类世时期，自然沉积物通常比人为沉积物要薄，以厘米或分米计量，在深海海底甚至以毫米计量。但它们仍可能包含完整且连续的人类世沉积序列，特别是在有年纹层的沉积物中，如年纹层湖泊沉积物。有趣的是，大多数精确完整的地质记录通常都在远离人类活动影响的偏远地区取得，但也同样指示人类世（Waters et al. 2018a）。

3.9　人类世的化学信号

地球的宜居性得益于碳、氮和磷等关键化学元素在岩石、土壤、水、空气和生物等之间的全球循环。目前，这些循环大多正在遭受人类活动的影响。

3.9.1　碳

碳最初通过火山喷发，并以二氧化碳（CO_2）的形式从地球深处释放。进入大气后，部分 CO_2 通过光合作用成为植物的组织结构，植物以及植食动物在呼吸、凋亡、腐烂的过程中再将碳以 CO_2 的形式重新释放。不过，未完全分解的生物残骸中的碳大多会进入土壤和沉积物中，或溶解在海水中。碳也可以以煤、石油、天然气或灰岩中碳酸钙的"碳酸"部分的形式石化并保存在岩石中。它们一旦被尘封，便会被埋藏数百万年，直到火山活动或成山作用出现时再次被释放。碳储存及其转化方式对维持地球上的生命至关重要。

如今，全球碳储量及其年变化可以直接通过科学方法测算。在测算之前，我们可以从岩层中获取线索推断早期地球上碳的分布及存在形式。

自工业革命以来，化石燃料排放的大量 CO_2 可能会打破长久的气候规律（第4 章），并且影响未来几千年的气候变化。现今大气中 CO_2 浓度较工业革命前增长了约 33%，且仍在持续增长，在地层中留下了清晰的化学信号。

这种信号包括地表碳同位素组成的变化，即最常见的 ^{12}C（6 个质子、6 个中子）与更重的稳定（即非放射性）同位素 ^{13}C（6 个质子、7 个中子）的比例变化。化石燃料中富集有更多的 ^{12}C，因此，燃料燃烧会增加地表中 ^{12}C 的循环。它们一部分以 CO_2 的形式被植物光合作用吸收；另一部分以碳酸钙的形式被一些有骨骼结构的生物（如珊瑚）吸收利用。由此产生的信号变化（Waters et al. 2016）以发现这一信号的地球化学家汉斯·苏斯（Hans Suess）的名字命名，称为"苏斯效应"。现今，这种信号变化作为一种"碳同位素异常"现象被广泛记录在碳酸盐壳体、树木年轮及其他地质载体中。其异常度类似于（甚至更急剧）地质学家用以定义年代地层的现象，如与古新世—始新世地层相关的现象（见第 4 章）。

另一种化学信号来自燃料燃烧的直接副产物——飞灰。它是工业烟道排放出的颗粒物，可沉降于陆地、湖泊或海洋表面，继而成为沉积地层的一部分。它们由熔融的无机矿物杂质（"无机灰烬"）或未燃尽的碳（"球形碳质颗粒"）组成。它虽然很小，直径只有几十微米，但碳基颗粒特别耐腐，容易形成化石。在白垩纪晚期界线层的煤烟中发现了与之类似的颗粒物，并认为是由行星撞击后的大火产生的。飞灰颗粒物自 19 世纪开始便出现在欧洲的湖泊沉积物中，20 世纪中期后成为一个近乎全球的鲜明信号，所以被认为可以作为定义人类世的关键标志物（Rose 2015；Swindles et al. 2015）。

还有一种碳信号变化来自人造有机化学品，包括杀虫剂，如滴滴涕、狄氏剂和艾氏剂等，以及二噁英等衍生物。同样是 20 世纪中期以来，它们在全球范围内扩散，可在陆地和海洋沉积物检测到，也可以作为人类世的有效标志物（Muir and Rose 2007）。

3.9.2　氮和磷

另外两种对生物圈至关重要的元素循环是氮循环和磷循环。为了满足不断增长的人口需求，人们努力提高生物的生产力，这两种元素循环也因此受到了强烈干扰。

氮是大气的主要成分，但它的气态形式 N_2 极其稳定，很难转换为生物活性分子，如氨基酸（构成蛋白质的基本单位）和 DNA 等。在自然界中，氮分子可以被闪电分解，但大多数生物活性氮是通过固氮细菌自带的特殊酶将氮转化为氨（NH_3），然后氨再被细菌和高等植物（以及以植物为食的动物）转化成其他含氮化合物。

这些复杂的过程是限制生物生产的瓶颈或"限制因素"。18、19 世纪，随着农业集约化，为了满足不断增长的人口需要，人们从智利的硝石（硝酸钠）和太平洋海岸的鸟粪（海鸟的排泄物堆积）中提取氮，或用人类排泄物（粪便）给农田施肥。在 20 世纪初，能源密集型的哈伯-博施工艺（Haber-Bosch process）出现后，这些方法大多不再需要。该方法将大气中的氮直接合成氨，制成肥料（或者军火）。从 20 世纪中期开始，氮产量急剧扩大，地球表面的活性氮含量较之前增加了一倍，这甚至比碳循环发生的变化还要大。目前世界上约一半人口的食物供给完全依赖于这一工艺。氮的大量生产历史可以在地层记录中追溯出来，许多湖泊沉积物记录了氮产量增加所导致的氮同位素（^{14}N 和 ^{15}N）比例变化，其主要的变化同样发生在 20 世纪中期以来，可以作为人类世的一个地质信号（Holtgrieve et al. 2011；Wolfe et al. 2013）。

磷是另一种生物必需元素，是我们骨骼和牙齿的组成成分（磷酸钙），也是调节我们新陈代谢能量传送的三磷酸腺苷的组成元素。农业所需的磷同氮一样，存在于海鸟粪中，19 世纪人们还从屠宰场的动物骨头中、战场上阵亡士兵的骨头中、恐龙骨骼和粪便化石中获取磷。19 世纪，在一度兴盛的贸易中，每年有数百万具尸体被工人团伙运送到英国；约 18 万具古埃及猫木乃伊曾被碾碎，当作磷肥散布在英国农田里。现今，磷元素都是从富含磷酸盐的岩石中开采得到的，所以地表的磷含量和活性氮一样，几乎也翻了一倍（Filippelli et al. 2002）。

当磷和氮从农田中迁移进入其他环境中时，将影响更大范围的生物生产力。自 20 世纪 60 年代开始，大量氮肥汇入河流和海洋，导致海洋浅海区出现成百个"死亡区"，总面积达几十万平方千米（Breitburg et al. 2018）。这一状况在夏季更加糟糕，因为浮游生物大量繁殖、死亡，然后沉降在海底腐烂的过程中会消耗大量 O_2，从而导致更多的生物缺氧死亡并沉积在海底。这一生物变化过程会被保存在化石记录中。

3.9.3　放射性核素等

在新的"人类生物地球化学"循环中（Galuszka and Wagreich 2019），人类还改变了地球上许多其他元素的浓度（Sen and Peuckner-Ehrenbrink 2012），金属开采便是导致该结果的一大扰动作用。在金属中，铅矿的开采历史悠久，罗马冶炼活动产生的气溶胶经长距离传输后可在遥远的泥炭和冰芯中被检测到（Wagreich and Draganits 2018）。因此，可以通过这些沉积物中的铅浓度和铅同位素变化追溯铅的工业化过程，其中铅同位素记录曾揭示了 20 世纪四乙铅作为抗爆剂在汽油中的使用及废除历史。

当前已知的人类世最清晰的信号源自原子弹实验和核电站泄漏，表现在人工放射性核素的生产及环境分布情况，如铯（Cs）、钚（Pu）、镅（Am）。当第二次世界大战期间大规模杀伤性武器技术成熟后，各国开始竞相研制核武器，这些人工核素开始大量产生。1945 年 7 月 16 日，首颗原子弹在新墨西哥州的阿拉莫戈多沙漠试验成功（这颗原子弹以钚裂变为基础。钚是自然界极其罕见的元素，为了此次实验，合成了大量钚）。8 月 6 日，"三位一体"原子弹在日本广岛爆炸；8

月 9 日，另一颗原子弹在日本长崎爆炸，两枚原子弹爆炸导致 10 万余人伤亡。虽然之后的地面核弹试验（如 1954 年"第五福龙丸事件"）及核电站熔毁事故（如切尔诺贝利事件）造成的死亡人数更多，危害力更大，但广岛和长崎核爆炸是唯一应用于战争的两次核爆炸。

虽然广岛和长崎的人员伤亡惨重，但这两次核爆所产生的放射性沉降物（以及"三位一体"试验产生的放射性沉降物）仅分布在局部地区，并未形成全球性地质标记。不过，这仍是一个关键的历史时刻，甚至有人提议（Zalasiewicz et al. 2015a），将"三位一体"核爆的时间用以作为人类世的界线，只不过这是基于时间点（全球标准地层年龄，GSSA）而不是广泛使用的可物理识别的全球界线层型剖面和点（GSSP，金钉子）（见第 2 章）进行的定义。由于这一时间点并未出现全球性的放射性核素标志层，所以这一提议并未得到地质学界的广泛支持（Zalasiewicz et al. 2017a）。但随着核武器发展所引发的军备竞赛的开始，全球放射性标志层很快便出现了。

氢弹的威力更大，1952 年 11 月 1 日，首颗氢弹在美国埃尼威托克的伊鲁吉拉伯岛上爆炸成功，其能量释放当量为 1000 万 t TNT 当量，将伊鲁吉拉伯岛瞬间夷为了平地，而且威力巨大，将放射性碎屑（包括核裂变产生的碎屑，以及钚和其他重的放射性元素）喷射到了平流层。之后碎屑随风迁移、沉降，使全球的陆地和海洋均受到了污染。次年，苏联的氢弹也爆炸成功。

很快，法国、印度和英国等国家也相继加入军备竞赛，在之后的几年中进行了 2000 多次核武器试验。其中，大气核试验有 500 多次，将放射性碎屑扩散到了世界各地，其余为地下核试验，将大部分的放射性碎屑限制在了地下（Waters et al. 2015）。1963 年颁布《部分禁止核试验条约》后，大气核试验急剧减少并最终停止，1996 年颁布《全面禁止核试验条约》后，大多数地下核试验也停止了。

大气核试验的历史可以通过全球沉积物中铯、钚和额外 ^{14}C 的"核爆峰"追踪出来（Waters et al. 2015，2018a）。这或许可以为人类世的正式定义奠定基础。

核能的和平利用也产生了地质信号。目前世界上约有 450 座核电站，可提供全球 14%的发电量。大多数情况下，如果将核电站的燃料残余物妥善存放在储存库中，它们只会留下局地信号（长期不能靠近）。但当发生事故时，如 1956 年的坎布里亚温德斯格尔事件、1986 年的切尔诺贝利事件和 2011 年的福岛核事故，核燃料被释放到环境中后会在全球大范围内留下独特信号，每一次事件都可以通过放射性核素的特殊峰识别出来。

3.10　人类世的生物信号

人类世的持续时间虽然很短，但对地球生物圈产生了极大影响，足以在地球未来的化石记录中追溯得到。从当今的时代背景和实际（道德）出发，人类世最重要的特征是它对地球生命的影响（见第 5 章），但在本书中我们仅关注保留在地层中的"现代化石"，以及如何用它们描述人类世。

在古代地层中，化石物种的出现和灭绝为生物地层学提供了许多可以利用的独特时间标记，帮我们厘清了地球自显生宙以来 5.41 亿年的历史。即使在这么长的时间里，化石依旧是判断地层年龄的最佳方式。

但时间越短，事情会越复杂。从第四纪以来的 260 万年时间里，这种年代判定方式并非如此简单，因为在这么短的时间内，物种出现和灭绝事件比较少。更常用的时间标记是动植物为了适应第四纪的冷暖交替气候而横跨数千千米的迁徙事件。这种"气候地层学"衍生了一种复杂但有用的古生物定年方法。

人类世的界定需要运用类似这样的创造力。人类世短暂的持续时间与其间发生的大规模生物扰动形成了鲜明对比，其中最广为人知的是陆地和海洋物种灭绝的范围扩大了，速度也加快了（Ceballos et al. 2015）。这种现象早在全新世之前就已开始，如众所周知的猛犸象和披毛犀等大型陆地哺乳动物的灭绝浪潮始于约 5 万年前，并在约 1 万年前达到顶峰。这一"巨型动物灭绝"事件被认为与更新世-全新世之交的气候变化和现代人类文化的出现有关，此时人类的社交能力和狩猎能力增强，工具改良。气候变化可能是巨型动物消失的原因之一，但此前第四纪冰期-间冰期转换时并没有引发这样的生物灭绝浪潮。之后有详细记载的地方性灭绝事件显示与人类的到来有关，如 13 世纪晚期人类到达新西兰不久后，岛屿上的恐鸟和其他动物灭绝。这些哺乳动物和鸟类灭绝事件与栖息地的破坏和人类捕猎有关，具有高度穿时性，也可以被认为是晚更新世-全新世之交的特征之一。

虽然对地球上近 900 万种物种进行编目是一项困难而耗时的任务（Mora et al. 2011），特别是一些物种很难界定，比那些可以象征生物多样性减少的大型哺乳动物更神秘，但现有数据仍显示生物灭绝速度更快了。安东尼·巴诺斯基及其同事（Anthony Barnosky 2011）针对"我们是否正在经历第六次生物大灭绝"这一问题展开了研究。他们的答案是"未必"，因为现在大多数生物种群的灭绝率仅是已知种群灭绝率的 1%左右。不过他们也注意到，一少部分生物群体已处于濒危或极度濒危状态，灭绝率高达百分之几十。他们估计，按照"目前的情况"，而且不考虑气候变化的影响，地球在未来几个世纪将经历第六次生物大灭绝，约 70%的物种都将灭绝，堪比白垩纪末的生物大灭绝。

物种灭绝显然是人类世快速演变进程中的一个重要部分，但其时空复杂性很难简单转化为地层年龄。通常数量庞大且具有小型骨骼的生物化石的出现或灭绝才被用以定义地层年龄，专业上称之为生物地层划分。对人类世而言，物种入侵（越来越多的人称其为新生物群的到来）改变了许多地区的生态环境，更适合作为人类世的时间标志信号（见第 5 章）。

　　和物种灭绝一样，物种入侵也已经持续了几千年，人类是所有物种中最成功的入侵物种，猫、狗、猪和老鼠等动物也一直跟随人类在地球上迁徙。随着贸易全球化，特别是货船带着水和沉积物的全球移动将许多生物散播到了世界各地，物种入侵速度急剧加快。农业和园艺业也出现了移栽植物的热潮。因此，入侵物种在现今大部分地区的生物群落中占据了多数（McNeely 2001）。它们在新领地一旦优胜于当地物种后，数量便会激增，变得无所不在，以至于古生物学家在分析标准沉积物样品时很容易找到这些物种的遗存。

　　以几个在生物界"无足轻重"的入侵物种为例，如斑马贻贝（*Dreissena polymorpha*）、亚洲蛤（*Corbicula fluminea*）和太平洋牡蛎（*Crassostrea gigas*），都于 20 世纪从原产地被散播到世界其他地方。前两个物种是通过木材运输被意外传播的，而第三个物种是作为食物品种被有意引进的。这些新物种在引入后仅用几年的时间便开始主宰生物群落。最近泰晤士河的采样调查显示，在采集的所有软体动物贝壳中，斑马贻贝和河蚬共占 96%，而当地物种仅占极少部分（Himson et al. 2020）。通过现代古生物记录追踪这些入侵者可以帮我们更好地认识人类世。

　　这种古生物学特征也可能是在现代农业中，人类对生态景观和动植物物种再造的结果。在众多食物中，仅有极少数物种被挑选出来满足人类需求。通过选择性培育（现在是通过基因工程），它们的生物特性被改良，产量大幅提高。这种转变规模非同寻常，据科学家瓦科拉夫·斯米尔（Vaclav Smil 2011）估计，在人类出现之前，大型陆地哺乳动物大概有 350 种（在巨型动物灭绝期间物种数减少了一半，Barnosky 2008），而现在主要分为人类和家畜，人类的生物量约占大型陆地哺乳动物总生物量的三分之一，牛、猪和羊等家畜的生物量约占三分之二，野生陆地哺乳动物的生物量仅占百分之几（Smil 2011）。

　　垃圾填埋场中的大量屠宰家畜的骨头也可以提供另一种生物地层信号。最显著的例子是家养肉鸡，它们是目前地球上最常见的禽类，现约有 230 亿只，每只寿命约 6 周，其骨架由第二次世界大战后"明日之鸡"育种计划改造而来。作为人类世特有的形态种，家养肉鸡现分布于全球各地（Bennett et al. 2018）。

3.11　人类世的未来

　　这一系列物理、化学和生物指标表明，无论人类世最终是否会正式出现在地质年代表上，它在地质学上都具有连贯性和真实性（Zalasiewicz et al. 2017a）。基于此，国际人类世工作组决定寻找可以定义人类世的全球界线层型剖面和点（GSSP），或称为"金钉子"，以正式提交建立人类世的议案。这一工作已在开展（Waters et al. 2018a），包括对"金钉子"的候选剖面进行多方面考察，择优选取之后提交议案。该议案需要依次获得国际人类世工作组、第四纪地层委员会和国际地层委员会成员超过 60%的赞成票，以及国际地质科学联合会的批准才能实施。任何一个环节都可能出现卡壳，所以现在无法确定人类世最终能否被正式建立。2019 年 5 月，人类世工作组有 88%的票数赞成正式建立人类世。撰写本书时，这一工作正在推进中。

　　人类世所代表的新的地球系统正在演化，而且在未来数千年后，即使人类营力已经不复存在，但地球系统仍将继续演化。在演化过程中，气候是最重要的一个驱动因子，也是接下来我们要讨论的主题。

第 4 章 人类世与气候变化

气候变化，如全球变暖等是当代地球系统变化中最重要的方面之一，对地球上的所有生物，以及人类社会等都具有重大影响。如同生物学家就达尔文进化论达成共识一样，这一基本结论得到了从事气候研究的科学家的一致认同。但是，社会各界对于气候变化相关问题的态度仍存在分歧，比如化石燃料的燃烧。因为这是导致气候变化的重要推手，也是推动社会发展的核心要素。现代社会发展所依赖的许多其他过程也会排放温室气体（CO_2、甲烷、一氧化二氮和氟化气体等），如农业工业化模式、化学肥料的使用、大规模废物处理、生物质燃烧、工业加工和冷藏、混凝土制造等，这些过程增加了减排的政治和社会压力。

人类世有时被认为是全球变暖的同义词，甚至是代名词。但事实并非如此，就某些方面而言，全球变暖只是一个小的环境问题，当全球变暖更加严峻时会成为人类世的一个现象。在某些方面，全球变暖可以说是构成人类世一系列现象中的一个相对较小但是增长迅速的部分。气候变化向来是导致地球物理、化学和生物各领域发生变化的根本驱动力，而人类活动则会对气候变化的控制因素产生影响。因此，在人类世的发展过程中，需要着重关注气候变化问题。

4.1 控制气候的行星因素

地球表面因接受太阳的光和热而变暖，来自地球内部的热量可以忽略不计。照射到地球表面的太阳光一部分被云层或地球表面直接反射回太空；而另一部分则被吸收，以我们肉眼不可见的红外光的形式重新释放。被反射的太阳辐射量取决于地表的反照率：亮白色物质（如冰）反射的能量多，而较暗地表（如林地和海洋）反射的能量较少，吸收的能量较多。返回外太空的红外光辐射量则取决于大气中温室气体（如 CO_2、甲烷和水蒸气等）的含量，其之所以被称为温室气体是因为它们能吸收地表释放的红外光，捕获能量，就像是温室（棚）的玻璃罩一样。英国科学家约翰·廷德尔（John Tyndall）发现温室气体有这一特性，而大气中的氮或氧并不具备该特性，也就是说肉眼可见的无色气体可以捕获"隐形"的辐射光。他大吃一惊，并重复了数百次实验验证了这一结论。其他因素，如大气中云和气溶胶的数量和类型，也会暖化或冷却地球。总之，地表温度反映了太阳光被吸收、反射和再辐射的能量平衡，地表反照率和温室气体含量在这一平衡中发挥了重要作用（IPCC 2013）。

　　地球一直保持着这种辐射平衡，将地表温度稳定在一个比较小的范围内，所以液态水能存在于地表，大气中有水蒸气，极地和高山顶部在很长一段时间以来有冰雪覆盖。这种情况在太阳系中是独一无二的，虽然其他天体（特别是木星和土星的卫星，如木卫二和土卫六）也拥有大量海洋，但它们都位于厚厚的冰壳之下。有证据表明海洋曾存在于金星和火星早期，但它们很快便消失了。

　　在失控的温室效应作用下，金星表面的水分流失，大气中大量 CO_2 的存在导致金星表面温度高达 400℃左右（752℉）。而现今火星的表面被冰冻住，其水分以冰盖和永久冻土的形式存在。相比之下，地球的境况令人瞩目，40 亿年以来，地球一直是宜居的海洋星球，尽管它的外部条件在此期间发生了巨大变化，如太阳光照度增加了约 20%。可见地球拥有某种长期恒温系统，可以维系生命所需的气候状况。

　　硅酸盐风化作用对温室气体含量的调节是地球长期以来管控气候变化的一个重要的负反馈机制（Walker et al. 1981）。随着气候变暖，水文循环不断增强，全球范围内降水更频繁，导致溶解在雨水中的 CO_2 与岩石矿物的反应增强，产生的碳酸根离子被冲刷进入海洋。此过程可以吸收大气中的 CO_2，从而使得气候变冷。而气候变冷会减少 CO_2 的损失，因此大气中的温室气体含量再次增加，气候回暖。

　　这是一个缓慢的过程，持续时间长达数千年（Summerhayes 2020）。硅酸盐风化作用可能是确保地球不会沸腾和冰冻的主要因素，而其他因素则调控不同时间尺度的气候变化。地球在数亿年以来经历着温室状态（如中生代时期大气 CO_2 含量普遍较高，地球上很少或没有冰，海平面很高的状态）和冰室状态（如现在两极有冰的状态）的不规律交替变化，这可能受控于地球缓慢的构造运动和大陆地貌特征。前者会控制 CO_2 从地幔中释放的长时间尺度变化；后者会影响地表反照率、洋流热传输模式以及岩石风化作用从大气中吸收 CO_2 速率的变化。

　　地球短时间尺度的变化包括周期性的温室-冰室气候振荡，这一变化在冰室状态下更加频繁，表现为冰期-间冰期循环，这长期以来被地质学家所认识，但也困惑着地质学家。目前被认为是由地球公转和自转过程中地球轨道参数变化所造成的，具有 40 万年、10 万年、4 万年和 2 万年的变化周期，这一理论以塞尔维亚数学家米卢廷·米兰科维奇（Milutin Milankovitch）的名字命名。他在 20 世纪早期对地球轨道参数进行了详细的计算，并提出它们是冰期和间冰期旋回的驱动因素。轨道参数变化所导致的太阳辐射量及其季节性的微小变化，会被大气中的温室气体放大，从而造成气候状态的显著变化。这种通过天文理论计算的周期性气候变化，与海洋和冰芯中所记录的气候变化非常吻合（Lisiecki and Raymo 2005）。

　　其中，冰芯为我们提供了重要证据。南极冰芯的记录长达 100 万年，格陵兰冰芯也有超过 10 万年的记录。冰芯中保存的"化石空气"（fossil air）可被用来分析过去温室气体含量的变化，而冰层本身的化学成分则可以提供过去的温度变化和其他信息，如粉尘含量、火山活动等。结果显示，在过去 80 万年（现有的最长记录，EPICA Community Members 2006），大气 CO_2 浓度在数万年的时间尺度上规律性波动，变化范围为 180～280 ppm。其中 180 ppm 相当于 14000 亿 t CO_2，在此水平下，地表温度足以促使北极冰盖开始增长，南极冰盖覆盖范围更大。随着地球公转和自转的微小但规律性的变化，照射到地球上的太阳辐射量也随之变化，导致地球的大气和海洋环流模式发生改变。如约 8000 亿 t 的 CO_2（占海洋碳库的一小部分）从深海中释放出来，大气温室气体随之增加了 100 ppm，地球变得更暖，接近于现在的地表温度，大冰盖也因此收缩。当地球公转和自转再次改变，CO_2 开始再次被海洋吸收，冰盖亦随之扩大。

这个以碳循环为核心的复杂地球气候机器，已经运行了数百万年。轨道尺度的气候变化因千年尺度的气候振荡而更加复杂，这些千年气候事件虽然规模小，但影响深远，它们在冰期出现，在间冰期减弱。当千年气候振荡与米兰科维奇参数变化相互作用，并越过临界点时，通常会引发区域或全球性的气候突变事件。例如，在末次冰期向当前的间冰期——全新世转变的过程中，大气 CO_2 浓度在17000 年前开始增长，储存在海洋中的 CO_2 也开始释放，直至 12000 年前，大气 CO_2 浓度才停止增长。不过，其引发的气候变化并不是平缓发展的，而是在短短几十年内发生大幅度的气候突变，打破持续数千年的暖期或冷期。全新世是距今最近的一次大暖期。这些突变事件中的"临界点"或多或少会受北大西洋经向翻转环流突然变化的影响，后者可以调控低纬向高纬的热量输送。

所以说，气候一直在变化，有时甚至是急剧变化。不过在过去数百万年间，气候一直沿着已被充分研究并确定的模式变化，其中一部分被科学家称为"边界循环"（Steffen et al. 2015a），已查明温度和 CO_2 含量的最大和最小值，如过去 80万年里，CO_2 含量在 180～260 ppm（在不同间冰期 ±20 ppm）范围内波动。约 11000年以来，地球一直处于全新世"温暖"状态，并按自然规律逐渐向冰期状态过渡。然而，人类却打破了这一状态。

4.2　人　为　因　素

在过去 80 万年里，间冰期的典型特点是大气 CO_2 含量在间冰期之初达到峰值，在间冰期期间，CO_2 以每几千年 10～20 ppm 的速度缓慢下降，在下一个冰期开始时降至谷底。

如古气候科学家威廉·鲁迪曼所言（William Ruddiman 2003，2013），全新世的气候轨迹发生了变化。虽然一开始时遵循规律，CO_2 浓度在早期达到峰值265 ppm，在 7000 年前降至 260 ppm。但在此之后，模式发生变化，CO_2 浓度开始以缓慢的速度增加，在公元 1800 年左右，英国工业革命开始之前升至 280 ppm。另一种重要的温室气体甲烷的变化也偏离了原先的轨迹，不过它们变化的拐点不同：约 5000 年前时，甲烷浓度从原先的 700 ppb[①] 稳步降至 550 ppb，之后在工业革命之前又回升到了 700 ppb。鲁迪曼认为这些变化受早期农业和森林砍伐的影响，他和他的同事收集了一系列证据，证明从全新世早期至中期，人类已经在地球上广泛居住。这是一些科学家认为"人类世始于数千年前"的核心观点（Ruddiman et al. 2015）。

威廉·鲁迪曼关于大气 CO_2 受早期人类影响的观点，被大量后续研究证明似乎是合理的。大气中 CO_2 的额外补给，可能足以使地球维持全新世的温度，避免其再次进入冰期（Ganopolski et al. 2016）。这是关于早期人类影响气候的最为成熟的观点，但也并非没有争议。有证据表明全新世的气候模式并非前所未有，而且 CO_2 的额外补给大多来自海洋，而不是陆地（Elsig et al. 2009；Zalasiewicz et al. 2019a）。

我们所观察到的 CO_2 含量在全新世缓慢且稳定的变化，无论被怎么解读，都可以被视为维持全新世稳定性的一个因素，特别是当它们阻止下一个冰期的到来时。这一稳定变化与随后工业革命和大加速时期 CO_2 含量的急剧增加形成了鲜明对比。

4.3　工业的标志物

以碳氢化合物为燃料的工业发展在现代工业革命之前就有着悠久的历史，正如宫崎骏在 1997 年的电影《幽灵公主》中所展示的日本中世纪鼓风炉的场景一样，虽然不是完全准确，却令人印象深刻（Miyazaki 2014）。中国的煤矿开采早在公元前 3000 年就已开始，而后罗马也开始开采煤矿。但是与人类世的其他人类影响一样，其意义不在于何时起源，而在于影响程度。以英国为中心的第一次工业革命见证了燃煤蒸汽机的兴起，其反过来也推动了运输和制造业的发展。保罗·克鲁岑（Paul Crutzen 2002）建议用詹姆斯·瓦特（James Watt）发明蒸汽机的时间 1784 年定义人类世的开端。

煤炭使用量的增加可以通过产量统计（Price et al. 2011），或用冰芯记录，以及 1958 年以来查尔斯·基林（Charles Keeling）开创的大气测量系统所记载的煤炭燃烧产物——CO_2 含量的变化来追踪。这两种测量结果并不一致，因为燃煤排放的 CO_2 有一多半被海洋或植物吸收了，剩下的才留在大气中。虽然剩余部分最终也会被硅酸盐风化并被海洋吸收，但如果没有人类积极努力地去除它，大量 CO_2

---

① 1 ppb=10^{-9}。

将在大气中留存数千年（Clark et al. 2016）。大气成分的比例变化会直接影响气候，而溶解到海洋中的额外 CO_2 也会导致海洋酸化，对海洋生物产生深远影响（Orr et al. 2005）。化石燃料的开采过程，以及牲畜、垃圾填埋和土地利用变化都会释放甲烷。虽然甲烷在大气中的寿命很短，只有几十年，但甲烷的增加也可以通过同样的方式反演出来（Waters et al. 2016）。

CO_2 的增长趋势是明显的。1000～1800 年，大气 CO_2 浓度维持在 280 ppm 左右，上下波动很少超过 5 ppm，这一底线非常清晰。1900 年，随着工业化程度加深，大气 CO_2 浓度增至 295 ppm，在一个世纪内增加了 15 ppm。1950 年，大气 CO_2 浓度增至 310 ppm，在过去半个世纪内又增加了 15 ppm。2000 年，大气 CO_2 浓度已高达 370 ppm，第二次世界大战后"大加速"使得大气中 CO_2 的增长速率翻了两番（Steffen et al. 2015a; McNeill and Engelke 2016），平均每年增长 1.2 ppm。2020 年初，大气 CO_2 浓度超过 412 ppm，在过去一千年的平均增长率为每年 2.2 ppm。相较于工业革命前，大气 CO_2 浓度增长了 130 ppm 有余，超过了第四纪以来冰期和间冰期之间的差值。现今的大气 CO_2 含量比第四纪任何时候都要高（Voosen 2017），可能接近于上新世期间的浓度，当时全球地表温度比今天高好几度，海平面比今天高出十几米。在 20 世纪，大气中 CO_2 浓度的增长速度较更新世-全新世之交加快了 100 多倍。现在大气中有 1 万亿 t 人造 CO_2，相当于近 1 m 厚的纯气层，而且在以每两周 1 mm 的速度增加，相当于在空中悬挂约 15 万个胡夫巨型金字塔（Zalasiewicz et al. 2016b）。

在此期间，大气甲烷浓度的增加速度更加迅猛。从工业革命初期的 800 ppb 增加到了 2016 年的 1800 ppb 有余，并在 21 世纪初的 5 年稳定期后又再次增加。

4.4　温 度 效 应

温室气体的增加趋势非常明确，其导致的全球变暖也已被监测所发现（Feldman et al. 2015）。自 1750 年以来，由人类排放到大气中的 CO_2 和其他温室气体所吸收的热量扣除人为气溶胶反射作用所导致的热量亏减，结果是每平方米接收了约 1.6 W 的热量。这与地球从太阳光中吸收的平均热量 240 m^2/W 相比，非常小，但是以地球总表面积计算得到的总量非常大，约 0.8 PW（petawatts，即 $0.8×10^{15}$ W），其中约 0.3 PW 可被地表吸收。这相当于目前人类消耗热量的 15 倍，如果这样持续下去，将改变地表的平均温度。

这些额外的热量约有 90% 被海洋吸收，多种计算方式显示，在过去 25 年里，每年约有 6～13 ZJ（ZJ，热能源单位）的"额外"热量进入海洋（Resplandy et al. 2018; Zanna et al. 2019）。1 ZJ 相当于 10^{21} J，为便于比较，人类每年消耗的总能量（约 7% 来自化石燃料的燃烧）约为 0.5 ZJ（McGlade and Ekins 2015）。因此，化石燃料燃烧通过温室效应所导致的海洋"二次"增温效应远大于我们人类通过燃烧它们所获得的能量,其"二次"增加的热量相当于每秒向海洋中倒入 10 亿杯沸茶(Laure Zanna and Jonathan Gregory 2019)。也就是说,当你通过燃烧化石燃料加热一杯茶时,实际上相当于向大海中倒入了十几杯沸茶。

海水需要大约 1000 年的时间才能彻底混合,使这些热量在海-气之间达到平衡。因此,在可预见的未来时间里,地球系统的热平衡将不断变化。而且除了 CO_2,还有其他因素,包括其他温室气体、不同陆地和海洋表面的反射率等,也会影响气候,全球温度变化模式并不简单。

自英国工业革命以来,地表温度呈持续但不规律的增长趋势。19 世纪是"小冰期"末期,此前是相对温暖的"中世纪气候异常期"。这两个时期的全球平均温度差还不到 1℃(1.8℉)(IPCC 2013),但这两个时期的气候变化对人类生活产生了重大影响(Fagan 2001;Parker 2013)。19 世纪末,全球气温下降了约 0.5℃,并于 1940 年回升到了原先水平;1940～1970 年,气温保持不变;1970～2000 年,气温增加了 0.5℃;2000～2010 年,气温保持不变;2010 年以来,又增加了 0.2℃;现今气温较 1950～1980 年增加了约 1℃。在过去的 17 年中,有 16 年的温度是有记录以来的最高温。

这种交错的升温方式本质上是美国气候科学家迈克尔·曼(Michael Mann)于 1999 年提出的"曲棍球杆"(hockey stick)模式(Mann et al. 2017)。这一模式现今被认为过于简单,因为中世纪暖期和小冰期的冷暖高峰在时间和空间上常常是错位的,不过模式的本质在之后的研究中得到了验证。20 世纪是过去 2000 年以来最温暖的时期,但其增温趋势不是这种长期以来全球不同步性的升温模式,此时全球 98%的地表都是升温的(Neukom et al. 2019)。

现在普遍认为全球变暖主要是由人类排放的温室气体造成的(IPCC 2013;Oreskes 2004)。而不规律的增温趋势说明有其他一些因素对温室气体所导致的增温有调节作用。其中一些因素影响了地球的总辐射平衡。例如,1940～1980 年,温室气体含量逐渐增加,但温度却处于"稳定期",部分可能归因于化石燃料燃烧排放到大气中的工业粉尘颗粒和硫酸盐气溶胶,它们使"全球变暗",减少了到达地球表面的太阳辐射。这一过程非常复杂,因为一些粉尘颗粒物,如黑炭会吸收热量而不是反射热量,总的来说就是会减少地球的热量。20 世纪末,随着烟囱工厂的逐步淘汰,以及微粒物和二氧化硫过滤装置的广泛使用,这一降温效应得以缓解。另外,大型火山喷发会向大气平流层释放火山灰和硫酸盐颗粒,也会产生类似的地球降温效应,如 1983 年墨西哥埃尔奇琼和 1991 年菲律宾皮纳图博的火山喷发,都使得地球在两三年之内降温约 0.5℃。

另外,一些因素使得地球系统内部的热量重新分配。"全球平均温度"实际上是平均气温,而大气所储存的热量远比海洋热储量少得多,人为排放的温室气体吸收的热量主要进入了海洋，海-气行为变化将调节这一热量传递平衡。在厄尔尼诺年，暖流汇入东太平洋时，平衡将向大气增温一端推进；在拉尼娜年，这一效应被限制，大气降温。这种重要的、周期较短的振荡解释了温度变化的锯齿状现象。也有一些周期更长的循环过程，如北大西洋多年代际振荡和太平洋年代际振荡。它们相互作用影响海洋的热存储，从而解释了 21 世纪初的气温"平稳期"，在此之后海洋向大气释放热量导致气温快速上升。

现今全球变暖在地质历史时期处于什么位置呢？地质记录（如孢粉记录）显示，在工业革命以前的全新世，全球平均气温比之前一些间冰期（如约 12.5 万年前的末次间冰期、约 40 万年前的倒数第三次间冰期）的峰值温度低约 1℃，不过仍可被视为标准的间冰期。现今全球气温较工业革命前高出 1℃，克拉克等（Clark et al. 2016）预测气温将进一步升高超出第四纪间冰期的温度范围，进入一个新的、长期的气候状态。现今人类世的全球气温仍处于间冰期的标准温度范围之内，在未来是否会超出这一范围取决于地球系统的反馈效应，以及未来几十年人类社会的抉择。

气候变暖的事实已无法更改，目前全球变暖幅度已经接近 2016 年"巴黎气候协定"所确定的最高值 1.5℃（2.7℉）。根据 IPCC 2019 年的数据可知，如果所有发电厂、工厂、车辆、轮船和飞机在使用寿命到期时被零碳替代品取代，那么仍有 64% 的可能性将升温幅度维持在 1.5℃ 以下。IPCC 提出的大多数减缓方案都基于对 CO_2 移除方法的大规模开发应用，但事实证明，切实有效且价格低廉的碳减排技术很难实现。通过改善土地管理以增加碳储量、减少温室气体排放是已有的经济有效方法（Griscom et al. 2017）。

4.5 过去和现在的气候反馈

人类世气候正处在变暖的运行轨道中。目前由温室气体增加所导致的新的海-气温度平衡态要在几个世纪以后才能出现，更何况大气中的温室气体仍在以地质时代的水平飞速增加。只有在海-气温度再平衡出现后，地球系统才能趋于稳定，然后由硅酸盐风化作用缓慢消耗 CO_2。未来，人类社会将排放多少温室气体有很大不确定性，需要在不同情景模式下对未来气候进行预测（IPCC 2013；Clark et al. 2016），每个情景模型中的温室气体排放量和峰值不同，最终导致的全球变暖的程度也不同。

在每种情景中，气候变化的过程和速度都具有不确定性，其取决于地球系统的反馈机制所产生的增温放大或抑制效应。这些反馈机制的持续时间短至一瞬间，长达数千年。硅酸盐风化和碳埋藏的负反馈机制最终将终结全球变暖问题，但过程非常缓慢。而增温放大机制发生得非常迅速，温度升高后，蒸发速度瞬间升高，导致大气中的水汽增加；在之后的数十年中，海冰融化，海洋反照率降低，导致海洋表面吸收更多的热量。

有些反馈机制具有不确定性，比如气候变化无疑会改变云的分布，然而根据云的类型和分布不同，它们可以使地球变暖，也可以使其变冷，很难预测。一个可广泛预测的负反馈来自埋藏在深海和永久冻土中的甲烷冰（一种蜡质甲烷-水化合物），其在气温变暖时容易分解并释放甲烷，对气候变暖有很强的放大效应。不过，这一机制对全球变暖的贡献有限，而且其贡献很难与现代工农业和土地利用改造所释放的甲烷区分开来。

地质历史时期也有类似的全球升温事件，可以与现在正在发生且仍在继续的事件作对比。其中一个"极热"事件是发生于 5500 万年前的古新世-始新世极热期（Paleocene-Eocene Thermal Maximum，PETM）；另一个是发生于约 1.83 亿年前的早侏罗世托阿尔期事件（Cohen et al. 2007）。两次事件经历了类似的过程，如全球快速升温 5~8℃（9~14℉），地层中碳同位素变化记录了这些时期全球的碳循环系统受到扰动，大量温室气体从地面释放进入了海-气系统。这些变化在随后 10 万年的时间里，通过不断增强的硅酸盐风化作用和湖泊、海洋沉积物的碳埋藏作用才逐渐恢复。

地球历史时期的升温事件为探索现代气候变化的速率和节奏提供了线索。托阿尔期事件的详细研究结果表明，碳释放和气候变暖的过程并非平缓发生的，而是以阶梯式分阶段迅速向前推进（Kemp et al. 2005）。碳释放机制，尤其是 CO_2 相对于甲烷的比例，已被广泛研究。常用到的是二阶式模型：最初释放的 CO_2 导致了地球一定程度的升温，引发大量甲烷被释放，从而又产生了更大程度的升温。然而，最近关于古新世-始新世极热期的地球化学研究表明，当时的海洋酸化程度非常严重，说明 CO_2 释放量非常庞大，远多于人类活动现今所产生的 CO_2 量，但释放速度缓慢很多，北大西洋板块扩张导致的火山喷发可能是此次 CO_2 释放的主要原因（Gutjahr et al. 2017）。

将这些不甚贴切的古地球变化案例作为未来气候研究的指示时，需要慎重。现今发现的这些事件的共同之处是，地球表面充斥着"轻"的碳同位素，在地层记录中留下了证据（见第 2 章）；不同之处是，这些过去的地球变化都发生在气温变暖的"温室"阶段，当时地球上几乎没有冰。在人类世的气候事件中，人类导致的气候反馈机制可能至关重要。

4.6　人类世的人类气候反馈

简单观察科学和政策之间的关系会发现，科学研究和政策制定通常密切配合，携手改善问题。当科学研究确定了一个迫在眉睫的环境问题后，决策者将采纳这些信息，制定适当的规章制度，并采取应对措施解决问题。有时这种关系确实以直截了当的方式发挥了作用。例如，19 世纪中期，为了根除霍乱，伦敦重新设计了下水道系统；1956 年，英国的《清洁空气法案 1956》清除了积聚在伦敦上空的致命烟雾；1985 年，常规的科学观测发现氯氟碳化合物可以导致"臭氧层空洞"；1989 年，国际签订了《蒙特利尔议定书》逐步禁止氯氟碳化合物的生产。这些都是为了人类健康的稳定发展，响应科学研究所做出的积极政策。这些政策也都是在各种既得利益者的反对下强行执行的，这些人打着为公共谋取利益的幌子，实则是通过破坏环境从中直接或间接地为自己获利。

虽然公众对全球变暖问题的关注度很高，并且意识到问题的紧迫性，但是针对这一问题所做出的科学性减缓措施尚未取得成效。大气中的 CO_2 含量在过去几年稳步甚至是加速增长，说明当前的减排政策和社会举措是无效的，这一现象将在第 7 章中详细讨论。阻碍环境改善的主要原因是经济体制中对增长经济的承诺，许多集体不愿意把公共利益放在首位的根深蒂固的思想；另外，现代社会发展，如工农业、全球航运、旅游业、建筑材料（如混凝土）和其他交通发展对化石燃料过度的依赖性。

4.7　人类世的气候后果

气候驱动过程及其影响的深度和广度决定了气候变化在地质历史中的重要地位。除了白垩纪-古近纪之交由行星碰撞导致的生物大灭绝（虽然科学家推测行星碰撞也造成了严重、短暂的气候影响），地球历史上其他 4 次生物大灭绝的本质原因都和气候变化有关（Bardeen et al. 2017）。而且，气候配置也对地层侵蚀、堆积和生物进化有重要的调节作用。当今全球变化虽然刚开始不久，但需要谨慎应对。因为随着人类世的推进，气候变化会逐渐加剧甚至产生灾难性后果，除非采取坚决有效的 CO_2 减排政策以防止其超过阈值。目前大气中的 CO_2 浓度为 450 ppm，如果维持这一水平，有望将全球地表温度控制在比工业革命之前不高于 1.5℃的目标。全球升温的潜在特征已经被广泛探究（Letcher 2016），本节将简要介绍全球变暖对人类世地球系统发展具有特殊意义的特征。

这些特征可以被简单概括为高温及其对生物的生理影响。随着气候变化，高纬地区的温度变化最大，低纬地区的温度变化相对较小。不过，在较为炎热的地区，即使较小的升温也会增加高温、高湿天气的致死率。有 30%的人口生活在每年至少有 20 天温度达到致命阈值的地方。莫拉等（Mora et al. 2017）认为，即使碳排放大幅减少，至 2100 年这一占比将增至 48%；如果一切不加改变，将达到74%。人们为了躲避气温不断升高的炎热天气，能源密集型空调的需求量将会增加，通过正反馈机制将使气候更加温暖（Davis and Gertler 2015）。

越来越多的高温死亡事件发生在人类之外的生态系统中。1984 年，珊瑚白化现象被首次报道（Hughes et al. 2018）。该现象指出，受高温胁迫的影响，珊瑚将体内的共生藻驱逐后，逐渐蜕变为如幽灵般的白色并丧失营养，严重时甚至死亡。之后，随着热带和亚热带水域的持续增温，珊瑚白化现象更加频繁、广泛（Heron et al. 2016），被认为是人类世出现的一种新现象（Hughes et al. 2018）。2016~2017年，发生了迄今为止最大规模的珊瑚白化事件，其影响范围达几千千米，威胁到了区域内的珊瑚礁生态系统和生物多样性，以及其所供养的人类系统。

相对于人类世的实时变化来说，珊瑚礁的位置基本不动，而其他生物系统可在天然的地理屏障内以及人为改造的区域（城市和农业区域）内迁移。人类世的特点之一是，自 19 世纪中期以来，气温上升了 1℃ 左右（1.8 ℉以上），使得动植物向高纬和高海拔地区迁移，这对陆地和海洋生物群落都产生了重大影响。对海洋生物群落的影响更大，因为海洋生物是在更为缓和的环境中进化的，温度耐受范围比较小。比如，大西洋东北部的浮游生物群落在过去半个世纪以每 10 年200 km 的速度向北移动，比陆地上典型的迁移速度快了 10 倍以上（Edwards 2016）。

这些生物变化对整个地球都具有重要意义，影响深远，然而它们的变化及其重要性大多不易被人们发现。尽管如此，这些变化也涉及了一些问题，比如生物保护对人类世来说意味着什么（Corlett 2015）？可能意味着在某种程度，人们会欢迎而不是驱除某些入侵物种，而幸存下来的许多本土动植物会逐渐脱离全新世时期的适宜地带。这里涉及的一个关键因素是，现代气候从一个已经接近间冰期峰值温度的状态，转向了一个地球几百万年从未经历过的更为温暖的状态。第四纪期间的冰期-间冰期气候循环并没有导致生物灭绝速度的提高，生物圈已经适应改变和迁徙的模式以应对过去二三百万年间的气候变化。偏离了这一气候循环模式，加之来自其他方面的人为压力，导致了生物圈的剧烈变化。

气候变化的其他后果目前在地质学上还微不足道，但已经对社会产生了影响，而且在它们具有重大地质意义之前，会对社会产生深远影响。这些由气候变化导致的后果中，最为显著的是海平面上升。

4.8 海平面上升

第四纪冰期-间冰期循环也伴随着冰盖的消长，从而导致了地质历史上大规模的海平面升降变化。在最后一次冰期-间冰期循环中，更新世被全新世取代，从20000 年前到 7000 年前，海平面上升了大约 130 m，并在 7000 年前达到了现今海平面的高度；之后至 4000 年前，海平面上升了约 3 m；此后又缓慢上升了不到 1 m，但是在百年尺度并没有出现过高于 15~20 cm 的海平面峰值变化，也没有发现海平面对小的气候事件（如中世纪暖期和小冰期）有明显响应（Lambeck et al. 2014）。在此期间，人类文明得以发展，并在海岸线开始了大规模的定居生活。

在 20 世纪，随着全球变暖，海平面开始偏离这种稳定状态。一方面是因为海洋的热膨胀效应使得海表暖流进入了更深的海域；另一方面是因为大量山地和极地冰川融水注入海洋。

与人类世许多其他现象一样，海平面上升是一个持续加速变化的过程。海平面在 20 世纪上升的高度在地质历史上微不足道，略高于 20 cm（约 8 英寸）。这是因为冰雪融化过程滞后于全球变暖过程，而全球变暖又滞后于大气圈中温室气体积聚所造成的地球辐射平衡变化。不过不管怎样，全球海平面在以可见的速度上升。根据卫星监测数据，21 世纪初，其上升速度约为 3 mm/a，20 世纪中期速度略高于 1 mm/a。根据现今海平面上升的速度可以推断，海平面在 21 世纪将上升约 65 cm（Nerem 2018）。

极地冰川消融是海平面上升的重要原因，考虑到冰的热惯性，冰川融化通常需要花费几千年的时间。人们逐渐意识到了在温暖海水的冲击下冰盖底部消融的重要性，21 世纪卫星观测数据显示，随着这一过程的发生，陆地冰川与浮冰的基线将向内陆撤退（Konrad et al. 2018）。当冰块与岩石底部分离开始漂浮时，由于失去摩擦力它们涌向海洋，裂成冰山后向低纬漂移，随后融化。或者浮冰会突然崩塌，如 2002 年南极半岛拉尔森 B 冰架（面积约为威尔士大小）崩塌、2017 年拉尔森 C 冰架的部分崩塌。

虽然浮冰崩塌本身不会使海平面上升，就像杜松子酒和滋补品中冰块的融化不会使杯子中的液体更满一样，但目前的观察结果显示，浮冰崩塌会减少陆地冰川受到的牵引作用，使得更多的陆地冰川进入海洋。更新世-全新世之交冰盖消融导致的海平面上升记录显示，其上升过程并不是稳定进行的，而是断断续续的，海平面上升最快速的阶段（高于 40 mm/a）指示冰盖崩塌事件（Blanchon and Shaw 1995）。这种不规律的海平面上升模式可能会在人类世未来几百年或几千年的时间里出现。12.5 万年前末次间冰期的冰川消融事件表明冰盖对升温变化（哪怕是小幅度的升温）的敏感性，当时全球气温稍高于现今温度，但海平面却高出现在至少约 5 m（约 16.5 ft[①]）（Dutton and Lambeck 2012）。

虽然 5 m 在地质上是一个很小的变化，但对人类社会的影响非常巨大。这反映出人们在全新世以来对海岸线生活的适应性。全新世以来海岸线稳定变化，在海岸线略高于海平面的地方形成了稳定的、面积达数千平方千米的大型三角洲地区。人类优先定居于这些低洼、肥沃和水源充足的地方，而且在近几个世纪以来，人们通过排水、压实疏松地面、抽取地下水和碳氢化合物等方式使得这些地方更加低洼（Syvitski et al. 2009）。在新奥尔良、雅加达、上海和其他人口密集的沿海

---

① 1 ft=0.3048 m。

城市地区，由此造成的地面沉降深可达数米。

即使海平面仅上升 1 m，考虑到海水表面会生成巨大且容易引发洪水的反气旋时，这些人口密集地区的大部分都将被淹没，或者更倾向发生灾难性的洪水（Trenberth et al. 2018）。目前看来，这种情况在未来一两个世纪很有可能会发生。重建和安置工作，以及控制海洋对人类基础设施和废弃物处理场地的侵蚀作用，可能是人类世将要面临的更大、更严峻的挑战。

我们现在经历的只是全球升温的最初级影响，其释放的能量如此巨大，将会持续不断地影响地球上的好几代人。气候变化已经影响到了生物圈，正如下一章将讨论的，不断加剧的全球增温，以及其他许多人类影响因素，正在急速改变地球上生物的面貌。

第 5 章　人类世与生物圈的转变

在过去数百年，人类极大地改造了生物圈，包括不同物种在海陆间的迁徙、人类对可食用动植物（如鸡、猪）的改造，以及整个生态系统的变化。目前人类是食物链顶端的捕食者，使用了约三分之一的地球初级生产力，这在地球历史上史无前例。本章将讨论生物圈的复杂性及其定义、人类对生物圈影响的根源及发展脉络、人类对生物圈的影响现状以及未来将如何发展。

5.1　生　物　圈

关于生命、空气、水和土地之间联系的现代科学认知最早出现于 19 世纪博物学家的探险过程中。19 世纪初，普鲁士的博物学家亚历山大·冯·洪堡（Alexander von Humboldt，1769—1859）和法国植物学家埃梅·邦普朗（Aimé Bonpland，1773—1858）一起游历南美洲，经观察他们发现动植物与周边环境存在紧密联系。在委内瑞拉的森林里，他们看到了"具有惊人高度和大小的树木"，当他们从高地下来时，发现"蕨类植物减少，棕榈树数量增多"，大翅蝶也变得常见了（vol. I，ch. 1.8，Thomasina Ross 译）。19 世纪末，从深海到山巅，各种各样的生物都被记录下来，人们普遍认识到物种分布受自然地理条件的限制。生物圈的概念也早已在文献中成型，而奥地利地质学家爱德华·苏斯（Eduard Suess，1831—1914）在他的著作《阿尔卑斯山的起源》（*Die Entstehung der Alpen*，1875）中首次提出了"生物圈"（Biosphäre）一词。苏斯的书主要关注造山过程，"生物圈"一词只被提到一次，用来描述有机生物与地球不同圈层（大气圈、水圈及岩石圈）的相互作用区域。苏斯在《地球的面貌》（*Das Antlitz der Erde*，1885—1909）一书中再次使用了该术语，书中（vol. II，Suess 1888，p. 269）称其可以分为两个"主要群落"，一个是直接在太阳光照下生活的有机生物群，另一个是在黑暗环境中生存的有机生物群。苏斯在三叶虫化石记录中找到了环境和生物体之间相互作用的证据。三叶虫是一种已灭绝的海洋动物，拥有甲虫那样的外壳，壳中富含方解石矿物，其头骨通常嵌入有巨大的眼睛，但是生活在海洋透光层以下的一些种类没有眼睛，看不到任何东西，苏斯能根据不同化石辨识出这些生活在远古不同水深的动物群落（Suess 1888，p. 337）。

在苏斯提出生物圈约半个世纪后，俄罗斯科学家弗拉基米尔·维尔纳茨基（Vladimir Vernadsky）给出了生物圈的明确定义，将生物圈的演化与大气圈、水圈和岩石圈充分联系了起来。1926 年出版的《生物圈》（*The Biosphere*）一书勾勒了植物与动物之间的复杂关系，以及化学物质进出生物体的方式，探索了生命繁衍的奥秘。维尔纳茨基在这方面的观察具有前瞻性，他基于物理条件限制，如温度、紫外线辐射和可供给水源，预测生命可在大陆地壳深至 3.5 km 的范围存在，并指出对流层上部也存在生命。后来，科学家在 4 km 深的大陆地壳中发现了微生物，也在距离地表 10 km 的对流层上部 1 m^3 的空气中提取出了数千个细菌细胞。维尔纳茨基把生命看作是一个地质过程，并认为生命改造了地球，随着时间的推移，地球上才有了越来越多的宜居带。他指出，地壳上部的成百上千种矿物，如方解石和氢氧化铁，都是在生命的改造下逐渐形成的。后来，维尔纳茨基在他的生物圈中又加入了智慧圈（Noösphere）的概念，这里的智慧圈与泰尔哈德·德·查尔丁（Teilhard de Chardin）提出的智力圈不同（Levit 2002），它指的是"理性圈"（the sphere of reason）。从这个角度出发，他将人类理性视为了"以自有规律运行了至少 20 亿年的伟大自然过程的必然表现形式"（Vernadsky 1997，p. 31）。因此，生物圈的最佳定义是地球上的所有生命及其与大气圈、水圈和岩石圈的相互联系。随着时间的推移，生物圈改变了地球系统中的所有不同组分，为生物体创造了更广阔的生存环境。植物成了陆地生物量中占压倒式地位的物种，细菌和原生生物是海洋中的优势物种，细菌和古菌是深地环境的优势物种。动物虽然起源于海洋，但仅是海洋生物量的一小部分。

　　地球系统中的生物转变在地质记录中表现得很明显。24 亿年前，植物进化产生了光合作用，它们利用水和 CO_2 生成碳水化合物构建植物组织，并将游离氧作为副产品释放到环境中（见第 1 章和第 2 章）。光合作用的出现使得生物圈不再依赖区域的化学能源，并且成了海洋中的初级生产力。其释放的游离氧逐渐累积，改变了陆地上的水圈、大气圈和岩石圈，形成了一套全新的矿物，其中与铁反应生成的氧化铁使地貌变红。经过漫长时日，植物在约 4.7 亿年前占领了陆地，并成了陆地上的主要生物（Wellman and Gray 2002），它们逐渐进化出根系，扎根于沉积物和河岸边。河流开始在冲积平原蜿蜒流淌，随之携带的沉积物在平原堆积，而后形成岩石保存于古河道边。植物扎根的泥土成了一些生物的栖息地，动物在河岸边迁徙，它们的化石保存在这些 4 亿年前形成的古老岩石中（Davies and Gibling 2010，2013）。

　　即使在最小的生态系统中，也可以看到维尔纳茨基所说的生物体与环境的复杂联系。例如，在一个小的滨海水潭中，有通过光合作用从太阳处获取能量的藻类或浮游植物等初级生物；有以藻类为食的帽贝、海螺和微小甲壳类动物；有捕食海螺的螃蟹等动物；也有一些虾米，与动物尸体互利共生，或以湖中鱼的死皮或寄生虫为食。微生物对动植物的分解过程虽肉眼不可见，但其过程会释放出可被生物圈循环利用的成分。这些生物都在与滨海水潭的环境条件作用，池中的狭缝处和海藻密集处是小动物躲避捕食者的胜地。当海水涨潮时，海洋环境也会与它们相互联系，为它们提供水、营养、氧气，并带来其他生物。无论是在滨海水潭、东非的大草原，还是在其他地方，都存在这样的相互关系。

数十亿年来，地球上的物种分布一直受控于地球环境，包括光、食物、水分供给和适宜的地表温度，以及限制物种迁徙的海陆地形。这些条件造就了生物圈中不同气候带的动植物组合，经过数亿年的进化形成了草原生物群、热带雨林生物群，以及高纬地区的苔原生物群和沙漠群。从植物化石的分布可知，在石炭纪时期（3.59 亿～2.99 亿年前）出现了热带雨林，其物种组成与现今的森林群落明显不同。在几千年之前，这些自然生物群落都未曾受到人类活动的干扰。10000年前，玉米仍然只在中美洲生长，家禽始祖红原鸡占据南亚和东南亚雨林，但现在这些生物无处不在。当时，海洋中也存在生物群落，但群落模式受到洋流及其能量供给、营养物质供给和初级生产力的影响。

现在，人类成了控制生物群落分布的主导因素，这一因素已经存在了几千年，并在 20 世纪开始加速发展。物种移植便是其中一个重要的发展过程，其规模在地球历史上前所未有。

5.2　动植物群的全球化

苏斯对化石的观察有助于辨别古生态模式，他曾利用化石绘制了古代大陆分布图。他提出可以通过一种名为舌羊齿属（*Glossopteris*）的蕨类化石识别古时候的超级大陆，他将这一大陆命名为冈瓦纳大陆，其存在于 3 亿年前，由南美洲、非洲、印度以及南半球的南极洲和澳大利亚拼合在一起，苏斯推测正是这一拼合才使得植物分布得如此广泛。地质学家也曾利用化石记录的板块构造活动追踪了大陆的漂移运动，发现当板块聚合时，物种得以互补趋同；当板块分离时，随着不同陆地的环境距离增大，物种得以分化。约 300 万年前，当巴拿马地峡隆升，南北美洲连接在一起时，两洲的动植物群落发生了交换，犰狳和树懒向北美迁徙，美洲狮和剑齿猫向南美迁徙，这些物种迁徙均被记录在化石中。以上变化说明，海洋和陆地上的动植物分布一直受地形因素的重要调控。

当未来的地质学家研究 21 世纪的物种分布模式时，将会十分困惑。例如，有人可能会以为，由于新西兰与西南太平洋隔绝了几千万年，新西兰的动植物群会和其他地方不一样。但实际情况是，现今新西兰引进的植物种类几乎和本土植物种类一样多，而且其中许多生物可能会发生进化，在化石中留下遗迹。海洋中古生物群落的分布模式也被打乱，约有 10000 种海洋物种被转移到了船舶的压载舱中（Bax et al. 2003）。早在保罗·克鲁岑（Paul Crutzen）提出人类世之前，地理和地球化学因素长期控制下的生物群落模式就已在瓦解，所以"均质世"

（homogenocene）一词被提出，指示生物群落的全球均质化。

人们引进物种已经有几千年的历史，这与他们驯化动植物以获取食物密切相关。例如，欧洲兔（*Oryctolagus cuniculus*）已经扩散到了全世界。它们在 2000 年前被引入英国，之后在 18 世纪被欧洲人带到了澳大利亚，被过度放养后对澳大利亚的生态系统造成了严重破坏。为了控制欧洲兔的数量，澳大利亚又引进了新的非本土生物，如来自南美洲的黏液瘤病毒。再如，家猫（*Felis catus*）于 9000 年前在近东地区被驯化，之后随着人们贸易和交流活动向其他地方扩散（Ottoni et al. 2017）。在美国，这种入侵种每年会杀死十亿多只鸟和几十亿只哺乳动物（Loss et al. 2013）。

物种迁移导致生态系统中的物种数量发生了巨大变化，近几年在人类活动的影响下，偏远地区的这一现象尤为明显。这些地方因地理隔绝，而形成了以一些特殊物种为特征的生态系统，这些物种只能在狭窄的生态和地理环境中生存。

5.3　重组后的岛屿生态

毛里求斯共和国的孤岛群，又称马斯克林群岛，是研究外来物种对本地动植物影响的理想地区。该群岛位于马达加斯加以东几百千米的印度洋，以本土生物群为特征，其中超过 50% 的开花植物仅在该群岛生长。其主岛是位于马达加斯加以东约 855 km 处的毛里求斯岛，再往东 574 km 是罗德里格斯岛。毛里求斯岛于 13 世纪被阿拉伯商人发现，1598 年被荷兰东印度公司占领，所以人类活动对毛里求斯岛的影响最近才开始显现。而早在人类占领之前，由遇难沉船带来的黑鼠（*Rattus rattus*）便对该岛产生了影响。之后，法国和英国殖民统治时期引入了在全球广泛分布的动植物物种。

毛里求斯最著名的事件为渡渡鸟（*Raphus cucullatus*）灭绝事件，人们最后一次见到渡渡鸟是在 1662 年，这是人类历史上首次记录的物种灭绝事件。讽刺的是，渡渡鸟近似鸽子，而与渡渡鸟有近亲关系的家鸽和野鸽分布广泛、数量丰富。不同的是，渡渡鸟不会飞，进化至此可能是因为岛上食物丰富，在受人类影响之前也没有天敌。它的另一种不被人熟知的近亲罗德里格斯渡渡鸟（*Pezophaps solitaria*）也经历了同样的进化方式，同样也在 18 世纪中期惨遭厄运。渡渡鸟在人们占领毛里求斯后不到一个世纪便灭绝了，但其灭绝是由人们引入的老鼠、猪和鹿等动物所致，而不是因为 17 世纪被少数人猎捕而造成的。

渡渡鸟的灭绝只是毛里求斯物种灭绝史的一小部分，在过去 400 年间，毛里求斯约有 80 种本土脊椎动物消失，新引入物种约 100 种。到 1598 年，黑鼠被大量引入；1648 年之前，野猪（*Sus scrofa*）和山羊（*Capra hircus*）被引入，为路过的水手果腹；之后，棕鼠（*Rattus norvegicus*）被意外引入；非洲大蜗牛

（*Lissachatina fulica*）和印度小猫鼬（*Herpestes auropunctatus*）被人为引入以捕捉老鼠，不过成效甚微；与此同时，许多远在美洲的植物也被引入，包括含羞草和银合欢。最终，毛里求斯所有的原始森林都遭到外来植物的入侵。

20 世纪以来，毛里求斯的物种引进速度加快，先后引入了 22 种昆虫，其中 14 种是在 1975 年以来引入的。不过，并非所有的物种入侵都是不可逆的。1996 年，在毛里求斯机场附近发现了入侵物种——东方果蝇（*Bactrocera dorsalis*），其于 1997 年得到控制，并在 1999 年被全部消灭。另外，保护毛里求斯野生红隼（*Kestrel*）的工作也取得了成效。野生红隼曾一度减少到只有 4 只，在 1974 年成为世界上最稀有的鸟类，而其目前的数量增为 400 只。但是这一数量仅为 10 年前的一半，而且依然处于濒危状态。

毛里求斯岛屿详细记录了物种引进的发展过程，这些记录表明将该岛的陆地生态系统恢复到人类未涉足之前是近乎不可能的。毛里求斯的海洋生态系统也同样如此，受到了许多物种的入侵，如太平洋牡蛎（*Crassostrea gigas*）。

在一些岛屿的地质记录中，可以获知人类在过去几百年对当地地貌景观的影响，如保存在玛哈乌勒普天坑中的古夏威夷考艾岛的沉积序列。记录显示 1039～1241 年，随着波利尼西亚人的到来，太平洋鼠（*Rattus exulans*）被首次引入该岛；蜗牛数量减少及灭亡的记录首次表明，在波利尼西亚定居人群和欧洲人群的影响下，所有本土蜗牛在 19 世纪和 20 世纪全部灭绝；化石记录中还保存了 20 世纪中期以来，非洲巨型蜗牛和中美洲食人蜗牛（*Euglandina rosea*）入侵该岛的证据。大卫·伯尼（David Burney）及其同事在分析天坑序列后提出，考艾岛的生态景观已被人类严重改变，大多数本土物种受入侵物种的影响而减少或消失（Burney et al. 2001）。玛哈乌勒普天坑记录向人们展示了岛屿生态景观在 1000 多年来的演变过程：在与人类相互作用下，其从一个受地理和气候调控的自然生物群落，演变成了遍受人类影响的人造生物群落。

5.4　重组后的大陆生态

岛屿动植物群落的重置结果是人类对生物圈影响的重要证据，不过在岛屿受到入侵物种影响的同时，陆地也受到大量物种引进和随之而来的生态系统重组的影响。撒哈拉以南的非洲地区的生态环境变化便是一个典型案例，该地区是人类发源地，也是现存的最大的大型哺乳动物最多的地方，但大草原的长期稳定的生态系统已被入侵物种扰动破坏。

例如，在引入了一种可能来自非洲南部或马达加斯加的大头蚂蚁（*Pheidole megacephala*）后，肯尼亚的蚂蚁群落被重组。它们影响到了生活在合欢荆棘树（*Acacia drepanolobium*）上的四种蚂蚁（Riginos et al. 2015），这些蚂蚁与合欢树互利共生，合欢树为蚂蚁提供食物和住所，蚂蚁则极力保护合欢树免受食草动物的侵害。这些蚂蚁中有三种属于举尾蚁属，它们分布广泛，以心形腹部为特征，以合欢树分泌的花蜜为食。另一种蚂蚁属于细长蚁属（*Tetraponera penzigi*），与真菌共生，通过破坏合欢树的蜜腺以阻止其他蚂蚁物种侵占树木。大头蚂蚁突然闯入了这一精心打磨过的自然生态系统，举尾蚁属可以与它们单打独斗，但敌不过数量庞大的大头蚂蚁而被消灭。细长蚁属稍好一些，它们采用谨慎策略而非英勇奋战，将自己藏身在肥大的合欢荆棘树中达一个月之久。在大头蚂蚁入侵的地区，由于合欢树失去了天然保护者，受大象的破坏度增加了七倍。蚂蚁和合欢树的共生关系是热带草原生态系统的一个重要特征，但人们对这一关系的理解还不够深入。大头蚂蚁入侵只是这一地区生态受到破坏的一部分，在覆盖肯尼亚部分地区及其邻近坦桑尼亚地区的东非塞伦盖蒂-马拉大草原生态系统，已被记录遭遇了至少 245 种植物的入侵（Witt et al. 2017）。曾入侵过澳大利亚、亚洲和中东地区的、来自拉丁美洲的"饥荒野草"银胶菊（*Parthenium hysterophorus*）正在上演取代本土天然植物的戏码，而这些天然植物是维系角马和斑马等大型哺乳动物每年迁徙活动的关键植物。其他入侵植物，如刺梨（*Opuntia stricta*），对食用它们的动物来说非常危险，因为当它们的刺卡在动物的牙龈、舌头和内脏时，会引起感染。这些物种也阻碍了大型动物在这里的迁徙。

物种入侵对非洲大草原本土生物的影响正变得越来越严重。即使是一些我们认为是原始环境的地方也已被深刻地改造，所以用"生物群落"一词描绘它们已经越来越不合适。

5.5　被改造的生态景观

非洲大草原的生态景观正通过多种方式发生变化。马里兰大学的厄尔·埃利斯（Erle Ellis）和加拿大麦吉尔大学的纳文·拉曼库蒂（Navin Ramankutty）非常关注"被人类改造的生态系统"这一概念。他们提出了"人造群落"（anthromes）和"人类生物群落"（human biomes）两个概念，并于 2008 年首次在科学界发表了这一观点。生物群落反映物种与自然环境因素（如降水和温度）之间的相互作用，与生物群落不同的是，人造群落受控于人口密度和土地利用。埃利斯和拉曼库蒂根据这些相互作用的不同，将人造群落分为了不同类型，一个是"被使用的"群落（used anthromes），包括大城市、村庄、农田和牧场等居住密集区，如村庄人造群落代表农业紧密的密集农村人口；另一个是"荒地"（wildland）群落；介于两者之间的是"半自然"（semi-natural）群落，包括有人居住的林地、偏远林地和贫瘠之地。

埃利斯及其同事在世界地图上绘制了除南极洲以外，其他地区过去 300 年来

19 种不同类型的人造群落发展图，记录了人类活动对生态景观的快速影响。在
1700 年，只有 5%的地方可以界定为"被使用的"群落，世界上很多地区，如美
洲、北非、中亚、西伯利亚和澳大利亚的生态景观受人类影响很小。不过即便如
此，大部分地区仍属于"半自然"群落，仅有不到 50%的地区可被归为"荒地"
群落。18 世纪依然维持这一状态，但到 20 世纪初，北美、中亚和澳大利亚的大
部分地区沦为"被使用的"群落；2000 年，40%的陆地沦为"被使用的"群落，
"荒地"群落不足 25%，且多分布在沙漠和极地地区。这一变化如此剧烈，埃利
斯及其同事认为，随着人类的干扰，地球不再被"自然生态系统"所主导，而是
以人造系统为主，只是其中多少夹杂了一些自然生态系统。最新的研究结果显示，
除南极洲（约 1.2722 亿 km^2）外，95%的陆地都已被人类改造（Kennedy et al. 2019），
未经改造的 5%的陆地集中于偏远的苔原和北方森林地区。

　　这与地质档案中所记录的变化相呼应。地球早期生物群落起源于距今 40 亿年
前后，后来在 24 亿年前光合作用得以演化后，出现了好氧生物群落，几乎统治了
现在的地表生态，而厌氧生物体则退居厌氧的地下深处沉积物中。在约 5.4 亿年
前，前寒武纪的微生物世界中加入了从海洋中演化而来的具有营养结构复杂的动
物主导型群落，约 4.7 亿年前，植物主导型群落统治了陆地。

　　在过去 300 年，生物群落的动物、植物、真菌和微生物组分已经深深地嵌入
到了人造群落中。东非大草原在 300 年前就已经在人类的改造下变为半自然景观，
在此之后由"被使用的"和"荒地"景观拼接而成。西欧的大片地区，从德国到
低地国家，再延伸至英国，成了人口密集的特大城市与集约型农业区，而南亚和
东亚大部分地区已经从"荒地"景观沦为巨大城市聚集地，如孟买和上海。

　　21 世纪早期，人类成为地球上的统治物种，推进了城市化的进程，并通过开
发利用生物质能源（包括活体和化石能源）引发了生物圈的另一个变化。最新的
研究表明（Bar-On et al. 2018），生物圈目前存储了近 5500 亿 t 碳，包含 500 亿 t
植物碳、770 亿 t 细菌和古菌碳、120 亿 t 真菌碳和 20 亿 t 动物碳，其中植物碳的
含量约为农业发展之前的一半。虽然人类及其驯养的牲畜主导了哺乳动物生物量
（约为 1.6 亿 t 碳），但依旧只是动物生物量总量的一小部分，而节肢动物占大头
（10 亿 t），其次是鱼类（7 亿 t，Bar-On et al. 2018）。在生物量的变化过程中，有
赢家也有输家，但并不是所有的赢家都值得被羡慕。

5.6　被改造的生物圈

　　在北美洲，熊经常袭击远足者、露营者，甚至骑行者，造成了许多伤亡；在
印度，老虎会吃人；在尼泊尔，查姆帕瓦特老虎曾在 20 世纪残害了数百人；在南
亚地区，如横跨印度和孟加拉国边境的孙德尔本斯森林，老虎袭人事件依旧常见；

在海洋地区，如在澳大利亚的黄金海岸，鲨鱼的袭击仍令人胆寒。所有这些悲剧不仅唤起了人们对受害者的深刻同情，也唤起了人们害怕自己被野生动物袭击的恐惧。但是现在情况逆转了，令我们大多数人（确切地说 10 亿人）担心的是，具有攻击性的野生动物正在减少，而野生动物总量也在急剧减少。野生老虎可能仅存 4000 只，大致相当于一个小村庄的人口数量；曾广泛分布于黑海和爪哇岛之间区域的老虎，现在栖居于很小的一片土地上；鲨鱼数量也大幅减少。人类活动在其中扮演了重要角色。

与数量不到 4000 只的老虎相比，家鸡约有 230 亿只（Bennett et al. 2018），这比现存的数量最多的野生鸟类非洲红嘴奎利亚雀（*Quelea quelea*）（仅 15 亿只）还要多十几倍，比 19 世纪估计的信鸽数量（30 亿～50 亿只）还多。将碳含量以吨计算，那么家鸡的生物量是现存数量最多的野生禽类的 2.5 倍（鸡为 500 万 t，而野生鸟类为 200 万 t），人类每年约消耗 630 亿只家鸡。现在家鸡的寿命已经从其祖先红原鸡种的 15 年下降到约 6 周，其生存环境（饲养场）也与其祖先生活的丛林完全不同，而且分布范围已经遍布除南极洲以外的所有地方，即使在南极洲，人们也会将鸡肉脱水后拿给驻扎在南极洲的科学家食用。在巴基斯坦印度河流域考古发现的鸡骨表明，人类至少在 4000 年前就已开始驯化鸡，在中国可能更早。和其他家养动物的发展过程一样，如牛、羊和猪，家鸡的数量也在不断增加，骨骼结构也发生了变化，向全球不同地方迁移扩散，甚至出现在人工生态系统中。自 20 世纪中期以来，鸡的生理和骨骼结构发生了很大变化，体重增加了约 3 倍，并在此之后，在全球范围内扩散，数量急剧增加。

约 20000 多年前，大范围的野生动植物被驯化，标志着人们为满足自我需求，开始了对生物圈的重新建构。在以色列加利利海沿岸发现了 23000 年前小规模猎户群体在此定居后残留的烧焦种子（Snir et al. 2015），残留物中夹杂有杂草和农作物，说明当时的人们已经开始食用野生二粒小麦、野生大麦和野生燕麦，这些后来成了人类的主要食物。而且，在定居点还发现了黑鼠，它们后来成为象征城镇发展的标志物。

考古及植物化石证据表明，约 11000 年前人类对环境产生了更大的影响，当时正值北半球冰盖消融，气候改善。出现了几个农业中心，包括美洲玉米种植区、中东小麦种植区和东亚水稻种植区。动物也开始被驯化，约 30000 年前起在欧亚大陆的多个地方都出现了狗。自动植物被驯化以来，可供我们食用的主要动植物开始在全球分布，且数量庞大。目前，约有 230 亿只家鸡，10 亿头家猪（*Sus scrofus domesticus*），每头猪最重达 350 kg；约有 10 亿头牛，以及相近数量的羊和火鸡。

驯化的植物也已经积累到相似规模。玉米是中美洲早期民族的主食，约在 7000 年前被栽培种植，在几千年的时间内传播到了美洲其他地区。在 16～17 世纪的哥伦布大交换期间，玉米被传播到旧大陆，并逐渐成了一种全球性的粮食作物，年产量超 10 亿 t，高于小麦和大米产量。尽管中国远离最初的玉米驯化地，却是当今世界的第二大玉米生产国。

人类也驯养水生动植物，从苏格兰鲑鱼到大西洋牡蛎，海洋动植物的驯化率在不断上升。水产养殖业历史悠久，与农业一样，在全球各地独立发展，养殖种类包括鱼类、贝类、龙虾等节肢动物和海藻类。不过，水产品直到 20 世纪晚期才被作为一种重要的食物来源。21 世纪初期时，人类每年从海水中捕捞水产品 1.7 亿 t，其中 40%以上是人工养殖品。随着水产养殖业的发展，人们对天然海洋生态系统产生了重要影响。用碳作为生物量的衡量标准，人们的捕鲸活动及对其他哺乳动物的捕捞，使得海洋哺乳动物的生物量从 2000 万 t 锐减到了 400 万 t，鱼类的生物量减少了约 1 亿 t（Bar-On et al. 2018）。人们捕捞了海洋中的许多终端捕食者（约 90%的巨大食肉鱼类），以及大陆架的大部分鱼类种群。和农业发展一样，水产养殖业也促使地球上大规模的生物转移，加速了生物圈的同质化。

随之而来的是生物多样性的减少。

5.7　一个动物门的死亡预言

当前生物多样性的变化能否与过去地质历史上的重大灭绝事件相提并论呢？目前，物种灭绝率远高于背景水平（见第 3 章），一个例子表明正在发生的灭绝事件已经威胁到了生命的深层结构。在约 5.2 亿年前的寒武纪化石中发现了一种尚未被明确命名的"叶状假足类动物"（Lobopods）化石，它们的身体长而灵活，长有多条粗短的腿，曾在相隔遥远的加拿大西部和中国南方出土。这些化石与现生的有爪动物（Onychophorans）具有显著的相似性，可能有关系，尽管它们出现的时间不同。有爪动物，俗称天鹅绒虫，是一门陆生动物，身长几厘米类似蠕虫，长有几十双粗短的"叶状假足"（Blaxter and Sunnucks 2011），通常通过喷射胶体一样的黏液捕捉猎物，不易被发现。最近一次评估结果显示，在热带和南半球地区约有 177 种天鹅绒虫（Oliveira et al. 2012），还有一些可能潜伏在了某些不易被发现的地方。大多数天鹅绒虫的活动范围很小，主要栖居在长期潮湿的地方，如雨林等，极易受到森林采伐等人类活动的影响。世界自然保护联盟（International Union for Conservation of Nature，IUCN）"红色预警名单"评估的少数天鹅绒虫物种，大多为近危、脆弱、濒危或极度濒危物种，鉴于其活动范围狭窄（Sosa-Bartuano et al. 2018），保守估计大多数物种会濒临灭绝（Morera-Brenes et al. 2019）。

人们可能对天鹅绒虫知之甚少，但它们代表了一个完整的动物门（树状分类中的一个独特且重要的分支）。动物门包括脊索动物（包括鱼类、哺乳动物、两栖动物、爬行动物和鸟类）、棘皮动物（包括海星、海蛇尾、海百合和海胆）和软体动物（包括蜗牛、双壳类、鱿鱼和章鱼）。有爪动物门的物种可能并不多，但其始于寒武纪，是一个具有深厚地质历史的物种，是数亿年来生物圈及环境进化的一部分。

在过去 5 亿年间的五次大灭绝中，天鹅绒虫都得以幸存。不过由于其化石记录稀少，无法识别它们曾经的生存方式，幸存的原因可能是因为它们是唯一的陆地物种。如果人类使它们濒临灭绝，那么生物圈将面临重大而不可逆转的损失。从进化的角度来看，如果生物圈失去一个完整的门，这将比恐龙的灭绝更为彻底。恐龙虽已灭绝，但其脊索动物近亲——鸟类、爬行动物、哺乳动物、两栖动物和鱼类依旧存活于世，并以成千上万种形态继续生存着，但有爪动物门的躯体模式将永远消失。有爪动物门最终可能会全部灭绝，物种差异将空前减少（就 5 亿年而言），这一定会成为人类影响的一个重要生物标志。

5.8　人类消费和生物圈

丹多拉郊区定居点坐落在内罗毕东郊，距离内罗毕国家公园仅几千米，在公园里，游客成群结队地观看长颈鹿和鸵鸟在非洲大草原上自由地吃草。与优雅的大草原形成鲜明对比，丹多拉是内罗毕最大的市政垃圾场所在地，酷似中世纪耶罗尼米斯·博斯（Hieronymus Bosch）画作中的地狱场景。这是人造群落的一种终极状态，可以被描述为"几乎完全耗尽"。如果人们不进行资源循环利用，这将是未来地球的缩影。

在丹多拉垃圾场，每天有卡车运来城市的塑料、玻璃、金属和食物垃圾。这个垃圾场已经堆积了几十年，约几十米厚，大到可以在卫星地图上看到。其北缘以内罗毕河为界，垃圾会被河水侵蚀，顺流而下再次回到城市。成千上万的人以垃圾场的垃圾谋生，包括售卖其中的玻璃、易拉罐和袋装食物，袋装食品以 30 肯尼亚先令（30 美分）的价格卖给当地养猪户。回收这些垃圾是一项非常艰巨的任务，有些人因为太穷甚至会吃垃圾堆里的食物。在一群瘦骨嶙峋的食腐鹳鸟包围下，猪也会在垃圾场上觅食食物垃圾。在世界上还有一些和丹多拉发展类似的地方，可见生物圈中的人类在用多么低效的物质回收方式来维持自身的长期需求。在垃圾场和全球环境中堆积了大量塑料，它们来自仅能维持人们短期需求的化石燃料。

5.9　不断增长的人类能源消耗

从地质历史时期开始，直至最近，地球所存储的能量，包括植物生物量、石油、煤矿和天然气等化石燃料中保存的能量，都在不断增加。这一点通过探测陆地植物生物量便可获知,其生物量占总生物量(1 万亿 t)的一大部分;也可以通过估算过去 4.5 亿年中形成的煤炭、石油和天然气总量得以证实。从人类在非洲草原上采集植物开始,人们便开始利用地球存储的生物量,之后还学会了焚烧植物秸秆和动物粪便获取光和热。这一时期人们生活在一个大致平衡的环境中,并没有过度获取维系当地生物圈系统所需的初级生产力。

农业发展导致人口和生物量逐渐增多,也为人们从事非农业活动提供了过剩食物。10000 年前,全球人口数量为 100 万~1000 万,到公元 1 世纪时为 2 亿~4 亿,公元 18 世纪时约为 10 亿。加之农业和家禽业的全球性扩张,人们对生物量的消费逐渐增多。这可能会在大气圈中产生连锁效应,如威廉·鲁迪曼(William Ruddiman)所提出的,约 7000 年前以来大气 CO_2 含量的增加,以及 5000 年前以来甲烷含量的不断上涨,可能都与农业发展有关。CO_2 含量增加由森林采伐所致,甲烷含量增加与东亚水稻种植、亚洲和非洲畜牧业的发展有关。17 世纪以来,农业技术的进步和革新,包括排水和供水系统、用于生产中国丝绸而扩大的桑基鱼塘生态系统、犁的改进、从 18 世纪早期开始的机械化耕作、育种和基因控制及 20 世纪新肥料的生产,都促进了生物圈初级生产力的增加。

哈伯-博施(Haber-Bosch)的合成氨工艺提高了粮食产量,使得近代人口数量迅速增加,但这是一个需要化石燃料提供能量的能源密集型生产过程。化石能源的广泛使用使土地处理过程(如耕作和水田建设)更加快速高效,养活了更多的人类及家禽,加快了农产品的国内外贸易,提高了海洋捕捞业的效率,从而进一步扩大了人类对生物圈生产和消费的影响。20 世纪,随着环境中固氮量的翻倍增加,以及化石燃料在农业生产中的应用,人类对生物圈净初级生产力的消费增加了约一倍。2014 年,人类从环境中获取了 2.25 亿 t 磷酸盐矿物,并计划在 2018 年增加至 2.58 亿 t。磷酸盐矿物是一种有限资源,人类每年需要的磷大大超过了自然磷循环所能供给的磷。由于高生物量且生长缓慢的森林植被逐渐被低生物量的农田和牧场取代,即使没有上述过程的发生,人类活动依旧导致陆地生物量减少了约一半。

人类的能源消耗量在 1850 年之前都稳定在一定水平,远低于 100 EJ(1 EJ = 1×10^{18} J;老式的 60 W 灯泡每秒消耗 60 J)。在人类发明了开掘化石能源的技术之后,特别是在第二次世界大战后的"大加速",一些社会群体贪婪地消耗能源,能源消耗量明显增大。发达国家的能源消耗巨大,总消耗量在过去 40 年翻了一倍。1973 年,能源消耗量近乎 61 亿 t 石油当量,而 2014 年,人类消费了 136.99 亿 t 石油当量,相当于约 572 EJ 的能量。目前,人类已收割或破坏了地球上约 30% 的植物净初级生产力,相当于每年增加 373 EJ 的能源消耗。如果加上近期的能源消耗估值,这些数字将更加惊人。21 世纪将有 60% 的人口居住在城市地区,这些人每年可能会消耗 730 EJ 的能源(Creutzig et al. 2014)。所有人口消耗的能量相当于从陆地植物中可能获取的全部能量，为 1241 EJ/a。这与地球 40 亿年的演化历史相比，可以说是史无前例的（Williams et al. 2016）。任何一种可持续发展的先决条件，都是人类通过与大自然的相互作用，能够修复光合作用存储的初级生产力和呼吸作用所释放的能量之间的平衡关系。一个新型概念工具，"技术圈"或许能帮我们理解如何使人类消耗的能源恢复平衡。

5.10　技　术　圈

"技术圈"（technosphere）是近期由地质学家和工程师彼得·哈夫（Peter Haff）提出的一个有争议的概念（Peter Haff 2012，2014，2019；Zalasiewicz 2018），为我们理解人类对地球的改造及其影响提供了一个独特的视角，这一视角不是以人类为中心，而是对其他侧重人类和社会价值的视角的有益补充（详见第 6 章至第8 章）。技术圈与岩石圈、水圈、大气圈和生物圈等的"圈"层近似，而且正在加入这些"圈"层的行列，所有这些圈层是相互联系的。技术圈包含人类制造的所有科技产品、人类本身及人类的多元文化以及长期与科技打交道的科学和社会组织，如工厂、学校、大学、工会、银行、政党、互联网；包括人类养殖的大量牲畜、种植的农作物、改良的农田土壤等；还包括公路、铁路、机场、矿山和采石场、油气田、城市、运河和水库。技术圈的发展产生了大量垃圾，从垃圾填埋场堆积到遍布全球的塑料垃圾，污染了空气、土壤和水环境。技术圈在人类历史上一直存在，但大多数时候都只是以孤立分散的形式出现，对地球的影响甚微。而今，它已成为一个全球相互联系的系统，是地球历史上的新发展，与生物圈密切相关。

这一系统从根本上引入了一些新的现象。在人类出现之前，地球上的固体物质移动由区域和全球能量梯度驱动，主要是重力梯度，在其作用下可发生土壤蠕动、雪崩、河流流动和海底浊流（Haff 2012），也可以是能量梯度，在其作用下可形成风能和潮汐能等。在人类出现之前的生态圈也能驱动物质的移动，但通常是短距离的扩散型移动（如蚯蚓翻土），或长距离生物自身的移动（如动物迁徙）。当今全球技术圈的运转是在有精确定位的路径上移动数百万吨重的物质（如煤、生产原料、制成品、食品），而这些路径本身具有功能性（道路、铁路），可以以最小的能耗实现物质运移通量的最大化。这些物质的运移不是重力梯度或风能驱动的，而是由人为控制的。哈夫（Haff 2012，2019）认为这一过程发生在地球系统内部，也是地球系统的一部分，而不是与地球系统分离开来的现象。在这个意义上，技术圈可被视为一种能够改造地球的进化新产物，类似于 24 亿年前元古代时期光合生物的广泛出现，或是显生宙时大量高等动物的出现。

在技术圈内，人类的主要目的是维护或扩展技术圈的功能结构。然而，在很大程度上，人类并不能让技术圈屈从于集体意志。技术圈之所以还没有进化，是因为它是由部分有操控权的人所控制的。但它之所以不断发展，是因为技术创新品（如计算机和手机）的发明和出现及其在整个系统中的传播并不均衡，比如一些社会群体拥有最新的智能手机，而另一些群体则靠分拣有毒电子垃圾为生。为了适应这种发展模式，技术系统和人类行为也随之改变，这是人类和技术系统的一种共同进化。在这种关系中，手机或飞机等复杂的技术物品不是由人类制造的，而是借助早期工具和人工制品制造的，"技术似乎是自行发展到了现在的状态"（Haff 2014, p. 302; 2019）。如同生物进化一样，技术进化也是在其早期进化史上继续发展的。

技术圈的物质产品规模庞大（见第 3 章），且种类繁多。人类技术比较古老，古人在数百万年前创造了简单的石器。但自工业革命以来，特别是自 20 世纪中叶人口增长、工业化和全球化"大加速"以来，各种机器、工具和加工品数量激增，技术发展也越来越快。在工业革命前，古人很少会看到技术的更新换代，而现在，在仅仅一代人的时间里，手机便被大众接受并更新换代。

这里打个比方可能更有助于展示这种地球新事物的惊人本质。在地质学上，包括手机在内的科技产品可以被视为"技术化石"，因为它们由生物制造，结构坚固、不易腐烂，在未来会形成可以表征人类世的地层（Zalasiewicz et al. 2014b）。没有人知道有多少种技术化石"物种"（Zalasiewicz et al. 2016b），但几乎可以肯定的是其数量已经超过了已知化石种类的数量，这样看来，"技术多样性"也已经超过了生物多样性。这种技术化石"物种"的数量还在不断增加，因为现今技术进化速度远超于生物进化速度。

根据哈夫的定义，技术圈可被看作是生物圈的一个分支，而且和生物圈一样，拥有自己的属性、动力系统和运行介质。技术圈出现的重要因素是人类具有构建复杂社会结构的能力（Ellis 2015）以及开发和使用工具的能力。不过，哈夫强调人类是技术圈的组成部分，而不是创造者和掌控者，因为技术圈会提供食物、住所和其他资源以维持人类生存，因此人类必须采取行动生存下去。虽然地球上仍存在一些与世隔绝的人类社会，但几乎所有人都被紧紧地束缚在技术圈内。正是技术圈的发展，才使得人口从以狩猎采集方式维系的几千万人增长到今天的 77 亿人。

可以认为目前技术圈是寄生于生物圈之上，与生物圈争夺能源和资源，并改变着地球的宜居环境。其所造成的显而易见的后果包括：动植物物种的灭绝速度加快、气候和海洋化学组成的变化对现有的生物群落造成了极大的危害。这些变化反过来还会破坏生物圈功能、减少人口数量（相对而言，生物圈和人类既可能是"赢家"，也可能是"输家"）。哈夫认为，理想状态应是人类致力于将技术圈发展成为一种更具长期可持续性的形式（如更多的资源循环，减少对生物圈造成的压力）。不过人类也别无选择，因为技术圈是人类生存不可或缺的。人类只能努力维持它的运作，使它朝着更稳定和更可持续的方向发展。

5.11 生物圈的近期轨迹

人类对生物圈能量的攫取和对生态系统的重构，实则是重新构建了一个人类世生物圈。到 21 世纪末，全球人口预测数从 62 亿到 270 亿不等。根据生育率来看的话，多数预测结果显示为 10 亿人（Barnosky et al. 2012）。与此同时，人均能源消耗需求会上升。目前，全球每年增加的人口数相当于德国的总人数，城市人口迅速增长，已经超过农村人口，比农村人口消耗更多的能源。一些非洲城市，如拉各斯和金沙萨，预计将成为巨型城市，到 21 世纪末人口将超过 8000 万。由于人口增加，现今地球上大部分没被冰川覆盖的地区都被人类改造了（Kennedy et al. 2019），大约 100 亿 t 的植被变成了农作物（Bar-On et al. 2018）。总的来说，人口增长、农业、城市化和能源消耗的共同影响构成了一种全球强迫机制，开始使全球生物圈的状态发生转变（Williams et al. 2016），这是生态系统转型和碎片化以及污染给全球环境带来的后果，特别是大气 CO_2 和气候变化。

生物圈未来的发展轨迹有两种可能：一种是由于全球能源消耗不受控制，环境退化，使得全球生态系统结构发生大规模变化，从珊瑚礁到雨林的生态系统和生物多样性随之崩溃，并伴随着大规模的灭绝事件；另一种则是要求人类社会快速发展与地球系统的共生关系，学会循环利用生物圈的物质能源，恢复能源存储和消耗之间的平衡。从人类的角度出发，为了避免未来发生大规模的灭绝事件，轨迹二无疑比轨迹一更可取。

我们距离轨迹一有多近？斯坦福大学的安东尼·巴诺斯基（Anthony Barnosky）、伊丽莎白·哈德利（Elizabeth Hadly）及其同事认为，目前人类强迫机制的规模，超过了 11700 年前冰河时代末期最后一次生物圈转变的强迫机制（Barnosky et al. 2012）。在区域尺度上，城市和农业景观已经发生了转变，这些转变有些是立即可见的，如某处树木突然被砍伐，变成了放牧的牛群；有些是随着时间推移累积变化的结果，如在夏威夷的考艾岛，从其他地方引进的物种逐渐成为主导物种，本土物种被彻底消灭或濒临灭绝（Burne et al. 2001）。

如果这种转变遍布全球，它将表现为一种不可逆转的变化。例如，物种多样性较低的生物圈需要花费数百万年才能恢复到灭绝前的生物多样性水平，就像 2.52 亿年前二叠纪-三叠纪之交的大灭绝后所发生的一样（Chenand Benton 2012）。这种转变可能表现为生态系统自我恢复能力的逐渐降低，就像在全球变暖导致的白化和热死、酸化和污染的综合影响下，珊瑚礁生态系统的自我修复能力逐渐瓦解一样。或者是生态系统不同状态之间的快速转换，比如在许多海洋的死亡区，在年际尺度上有时允许海底生物重新定居，有时则让它们窒息。生物圈在历史时期发生的重大变化主要是优势物种的灭绝、新物种的繁衍生息、食物链结构的变化、物种地理位置的显著变化，这些变化主要是由环境变化和生物进化导致的。而现今生态系统的变化主要是由人类影响造成的。

5.12   技术圈和生物圈能否共存

为了避免轨道一的潜在后果，正如韦纳德斯基（Vernadsky）在一个世纪前所提到的，人类社会，特别是那些有权势的人物，需要认识到生物圈与地球系统的其他组成部分，包括人类社会本身之间的复杂相互联系。地球的生命维持机制有其固有的局限性——尤其是生物圈生物量所提供的能量有限。洪堡（Humboldt）和邦普朗（Bonpland）在 200 多年前便通过观察委内瑞拉山区的植被是如何与海拔和气候密切相连，试图理解这一复杂关系。200 年后，埃勒·埃利斯（Erle Ellis）绘制的一幅南美洲人造群落分布图显示了委内瑞拉所发生的巨大变化。1800 年，委内瑞拉的许多地方仍是"荒地"或"半自然"群落，而 2000 年，大部分地区沦为了"被使用的"群落，变得使 19 世纪的旅行者无从辨认。

目前，人类与生物圈之间是寄生关系，人类作为寄生物从生物圈中汲取能量，就像水蛭吸取宿主的血液一样，只要水蛭不把受害者榨干，就可以维持它们在生态系统中的共生关系。但随着人口数量的增加，人们对生物圈能源需求也在增加。我们需要构建一种与生物圈更加互利共生的关系，一种可以长期可持续发展的关系。这一点我们可以向白蚁学习，它们通过搬运土壤、建造土丘、分解矿物、输送有机物，使得土壤更加肥沃。从而植被更加茂盛，为鸟类筑巢和栖息提供了场所，也为小型无脊椎动物提供避难所。城市和建筑物的构建可以参考这一功能模式（Lepczyk et al. 2017；Nilon et al. 2017）。

人类要想和自然界形成更加完善的互利共生的关系，需要对土地和能源的利用结构做出重大改变（包括放弃将化石燃料作为主要能量来源），以及增加土地效力，避免将更多的半自然土地变成农田，从而保护这些受人类干扰较少的自然景观，保护生物多样性。原则上这些政策的制定很容易，但在社会和政治层面实施时非常困难。接下来我们将讨论这个复杂的人类圈层，探究人类和社会如何与人类世共生。

第6章　人类世中的人类

"人类世"英文单词（Anthropocene）的前半部分，源于古希腊语中的"人类（human）"一词。没有人类的存在，地球就不会进入人类世，但地质学家并没有明确界定人类这一物种。对于研究地质历史的地质学家来说，人类世只不过是须臾一瞬。古人类学、考古学、人类学和历史学等领域通过不同时间尺度、不同方法和资料的研究为理解人类世做出了很大贡献。这些学科正在与地质学相结合以一个全新的视角探索人类对地球系统影响的深度、广度和途径。学科间的对话结果表明，人类既是已经被深深铭刻在岩层和冰芯里的物种，又是地球上一种新的、压倒性的力量，既是一个整体，也是众多独特的个体和社会团体。

由于古人类学、考古学、人类学和历史学在时间尺度、方法以及研究资料上存在差异，本章节将前三个学科与历史学分开讨论。历史学向来以书面资料研究为主，而且是主观性地关注某些书面记载，而不是基于物理和实验证据。虽然不同学科在理解地球变化时存在根深蒂固的思维差异，但仍有助于我们解答人类世所面临的两大问题。其一是如何理解人类世作为一种地质营力这一现象；其二是历史是否能给我们一些启示，避免地球朝着人类和其他物种无法生存的"温室地球"的方向发展。

6.1　古人类学、考古学和人类学

古人类学、考古学和人类学在理解人类和地球系统的视角方面存在三个独特性。第一，这些学科的研究尺度说明人类是存在于地质环境和生态系统中的；第二，与其他社会科学（如历史学、政治学、经济学和社会学）不同，这些学科重视自然，自然科学向来被作为分析研究的一部分；第三，它们对从全球到区域的生存集体都给予同等关注。需要注意的是，有时我们会遵循北美洲的做法，将这三个学科合并称为"人类学"。

我们将先讨论时间尺度、人与自然的关系、地方与全球规则矛盾，然后关注古人类学家和考古学家对人类物种历史记录的研究工作。因为这些记录早在人类世出现之前就已经发生了，可以帮助我们理解人类主导的这一新时代的独特性。接下来，我们将讨论文化和社会人类学家对现代社会问题的研究，以及人类世是如何在这些领域引发批判性自我反思的。一些人类学家会思考人类在这个空前时代中的意义，一些后人文主义学者会关注物种的复杂关系，还有一些学者则会研究地球发展变化所引发的科学问题。

6.1.1　人类的时间尺度

尺度很重要，相比于其他社会科学，古人类学、考古学和人类学研究的时空尺度五花八门。古人类学家关注所有人属（最早出现于 280 万年前）的发展；考古学家探究古人类的聚落遗迹；文化和社会人类学家研究现代社会集体。人类学的学科创始人包括：在特罗布里恩群岛生活多年的布罗尼斯拉夫·马林诺夫斯基（Bronislaw Malinowski，1884—1942），以及关注澳大利亚土著居民和安达曼群岛居民的 A. R. 拉德克里夫-布朗（A. R. Radcliffe-Brown，1881—1955）。发展初期，学科聚焦于远离城市和文化中心的人类群体，而现在其研究范围扩展到了全球。没有任何一个地方的异国情调是人类学不能去研究的（Eriksen 2017，p. 3），为了寻找证据，他们在全球范围内"广撒网"。从岩石、骨骼、祭祀器具和手机等物品，到各种实验，再到与其他物种和生态系统的关系，可以说人类学的证据来源及其涉及的语言、概念和分类是混杂的。相较而言，历史忠于书面文本，而经济学热衷于数字（见下一章）。人类学基于其研究的时空范围的深度和证据的广度，对人类世研究做出了很大贡献。

6.1.2　人类社会的自然环境

人类学的第二大特点是它见证了人类在自然环境中的长期生存过程，从考古挖掘到实地考察，强调人类社会的物质方面。总之，人类学家从两方面看待人类与自然的关系。从传统人类学的角度看，社会是自然与文化相互作用的产物。社会人类学家菲利普·德斯科拉（Philippe Descola，1949— ）意识到这一学科的独特性时指出："人类学是建立在所有自然和文化等社会构建因素之上的科学，其任务是研究这些组成因素的众多相互作用方式，并试图探究其形成和瓦解规律"（Descola 2013，p. 78）。古人类学家和考古学家对自然-环境间的相互作用很感兴趣，已经追踪研究了几千年的人类历史。

然而，这种自然-文化二元论以及德斯科拉本人最近受到了抨击。但即使如此，人类学研究不能摒弃自然，只能努力接受。德斯科拉及其同事提出的自然-文化二元论是新近产生的西方主义观点，一些人类学家并不认同，而是激励我们将社会看作是一个复杂的网络结构，每个社会在"宇宙的一般规范"内运行（Descola 2013，p. 88）。这一观点由文化人类学家罗安清（Anna Tsing 2005，2015）为解决人类世问题而提出，打破了自然-文化二元论的界限。

不管是自然-文化二元论还是新近提出的网络唯物主义，古人类学、考古学和人类学从未对人类以外的力量视而不见。这是他们解决人类世问题的优势基础。尽管把人类活动从仅视为改变环境的作用力到主导地球系统的营力是一个大的跃升，但学科对话会使得这一观念转变过程更加容易被理解。

6.1.3　地方文化与世界文化

第三个特点是这些领域通过强调群体和个体之间的对立关系来探索人类世的规模。我们可以从"文化"和"文化体"的区别中看到这一对立。单个"文化"强调人群的共性，复数形式则强调独特、多变的文化"复杂体"。E. B. 泰勒（E. B. Tylor，1832—1917）于 1871 年提出了"复杂体"（complex whole）一词，涵盖"知识、信仰、艺术、道德、习俗，以及人类作为一个社会成员所获得的其他能力和习惯"（Eriksen 2017，p. 26）。强调文化共性是打击种族歧视和人类发展阶段理论的有效手段，也是将我们与其他物种区分开来的重要途径。强调文化差异，突出人类的创造性和独特性，细化"社会环境的系统性差异"，则会展示出"世界生命"的不同面（Eriksen 2017，p. 30）。多元文化并非人类所独有，也可以存在于其他物种，如海豚和狒狒。

相似和不同（如我们和他们，尤其是西方和其他国家）这一曾在人类学中对立的概念，已经变成了一种关系。人类学家蒂姆·英戈尔德（Tim Ingold 2018，p. 50）认为，"'我们'是一个不受差异约束的关系共同体"。在这类关系中，相似和不同相互交织，携手并进。人类世人文主义研究的核心，是探究全球共性和区域特性的关系。"人类世"一方面指出了所有生物都面临的共同困境；另一方面指出了不同物种受到的影响程度和应该承担的环境责任。人类学则帮助我们理解人类世的这些相同与不同。

6.1.4　古人类学与考古学

古人类学与考古学如何帮助我们理解人类世的特殊性呢？这些学科所关注的是从人属到智人的长期过程，展示了人类世的广度和突变性。

多数情况下，古人类学认为智人及其祖先逃不出地球和宇宙作用力的手掌心。从板块运动到冰川侵蚀，智人一直受到地质营力的支配。例如，印度尼西亚火山喷发使人类经历了一段极度艰难的时期。不过，7.4 万年前，苏门答腊岛上的多巴火山爆发后，人类到底经历了什么，目前仍在争论中（Daily 2018；Vogel 2018）。人类学家斯坦利·安布罗斯（Stanley H. Ambrose）及其同事发现，这场灾难使地球平均温度降低了 10℃，之后出现了长达 6 年的火山冬天（Williams et al. 2009；Haslam et al. 2010）。他们估计，当时人类数量减少到了只有 3000～10000 人，仅相当于今天多数大学的新生人数。当然，也有人认为情况并没有这么严峻（Yost et al. 2018）。南非和印度的研究表明（Lubick 2010），多巴火山爆发虽然是过去 200 万年来最大的火山爆发事件之一，向大气中喷出了约 8.5 亿 t 硫黄，但其全球影响可能没那么严重。不管怎样，印度尼西亚的火山这样的事件依旧在持续发生：1815

年，坦博拉火山爆发使得 1816 年成为"无夏之年"，远在佛蒙特州（Vermont）的农作物歉收；1883 年，喀拉喀托火山爆发打破了天气运行模式，全球普遍降温；1991 年，皮纳图博火山爆发使全球平均温度降低了约 0.5℃（1℉）。

11700 年前，气候从更新世跨越到全新世，这是人类历史上最重要的事件之一。不同的是，人类是这次超出自己掌控事件的受益者。如第 1 章所述，2008 年 5 月国际地质科学联合会（International Union of Geological Sciences，IUGS）执行委员会通过了由格陵兰冰芯项目（NGRIP 或 NorthGRIP）确定的设在 1492.45 m 深处的全新世金钉子剖面的提议，该提议既没有提到人类驱动，也没有提到人类的力量（Walker et al. 2009，p. 3）。全新世稳定期的出现和印尼火山的爆发，都是地质营力无视人类活动的体现。古罗马人敬奉德墨特尔（Demeter）以期望获得丰收，指责火神伏尔坎（Vulcan）带来的火山爆发，但没有一位科学家将全新世的稳定期归功于人类，或将印度尼西亚地震归咎于人类。

但在其他方面，正如人类学家所言，人类的活动总是在影响着环境状态。有人提出，人类最初影响的是地球上的生物，后来由于化石燃料的大量使用才产生地质影响（Chakrabarty 2009）。但有些人类学家却不以为然（Bauer and Ellis 2018），认为人类一直在对局地和区域的地质和生物环境产生影响。人类通过燃烧木材、焚烧野草、侵蚀土壤、堆积岩石、饲养宠物（如狗）、四处散播水果种子，以及其他大量干预措施，增加了大气中的 CO_2。古人类学家理查德·兰厄姆（Richard Wrangham，2009）认为，这种地质和生物的综合影响早在智人种出现之前就已显现，可能是在 180 万年前直立人开始用火时就出现了，但这一说法存在争议（Roebroeks and Villa 2011；Glikson 2013；Gowlett 2016）。当智人在狩猎中用火驱赶动物时，火便重塑了生态，我们（和所有其他物种一样）走到哪里就改变了哪里的环境。事实上，当"史前人类开始敲打石头制造工具，而不是采集地面上的碎石时，就已经通过挖掘岩石和土壤、生产垃圾、铺设人造地面改造了地貌"（Price et al. 2011，p. 1056）。

人类的存在也改变了周边环境中的其他动植物、真菌和微生物。可以肯定地说，智人是导致更新世大型动物灭绝和现存大型动物"侏儒化"的部分原因（Miller et al. 2005；Rule et al. 2012；van der Kaars et al. 2017；Smith et al. 2018）。但人类的影响到底有多大，难以评估。因为更新世晚期，原先被认为是一个稳定的冰河期（尤其是在北纬地区），现在却被认为气候波动显著（Hofreiter and Stewart 2009）。因此，很难确定哪些物种的灭绝归咎于智人，哪些是其他原因导致的。但智人的活动很可能加快了其近亲（包括尼安德特人）的逐渐消亡，尤其是 5 万年前左右，在认知发展的推动下（Mithen 1996，2007），智人有了复杂思维和精细语言之后。人类学家安德鲁·鲍尔（Andrew Bauer 2016，p. 409）称："人类早已大规模地改变了生态系统"。

全新世以来，人类影响逐渐加强。畜牧业、农业、城市和书写系统的发展、复杂社会和政治系统的建立、人口增长等都增加了人类塑造岩石圈和生物圈的能力（Wilkinson 2003；Alizadeh et al. 2004；Casana 2008；Morrison 2009；Wilkinson et al. 2010；Fuller et al. 2011；Conolly et al. 2012；Bauer 2013）。尽管存在一些时空差异，但人类对地球系统的影响日益加剧，并不断累积。正如地质学家布鲁斯·威尔金森（Bruce Wilkinson 2005，p. 161）所言："公元 1000 年后期，人类变成了侵蚀地球的主要因素"。随着欧洲殖民主义的扩张，人类对地质和生物圈的影响更加显著，他们改造地表环境，引进新物种，对本土生物群落造成了毁灭性打击。工业革命的发展大大加剧了人类对西欧的影响，并随着西方帝国主义的扩张，影响到世界各地。可以说，这个时候人类在地球上已经肆无忌惮了。

如果人类总是受到自然营力的影响，也改变着自然环境，那么是什么导致人类世与众不同呢？一些古人类学家和考古学家说："没什么不同"。鲍尔（Bauer）和地理学家厄尔·埃利斯（Erle Ellis）坚信，如果用人类世将当代和过去划分开来，实际上会阻碍我们看到一段漫长而复杂的人-环境作用史。他们认为人类学家应该带头，"消除"这一"分水岭"（Bauer and Ellis 2018，p. 23）。考古学家凯瑟琳·莫里森（Kathleen Morrison 2015，2013）也说道："人类世的概念没有必要，不是因为人类没有改变地球，而是因为全新世期间人类一直都在改变地球"。这些批评表达了对许多现代主义者未能认识到人类总是在改变生态环境和地质环境的愤怒，可以理解。

但从更广义的角度看，鲍尔、埃利斯和莫里森都忽略了人类世的重要性，他们的批判实则混淆了区域变化和地球系统变化这两个概念。所有物种都会改造周边环境，但只有少数生物彻底改变了地球系统，如人类和蓝细菌（见第 1 章和第 2 章）。改变生态系统造成一些物种灭绝并不意味着第六次大灭绝；对大区域自然景观的扰动也和人类"这种搬运力比地球上所有其他自然搬运力总和都要高出一个数量级"截然不同　（Wilkinson 2005，p. 161）。大约 300 万年前，地球大气中最后一次富含 CO_2 时，我们人类还未出现（Dowsett et al. 2013）。系统科学使我们能够区分这些不同于人类世系统巨变的局部变化，尽管其中一些变化相当重要。

人类世的意义不在于追踪我们人类的最初印记，而在于探究地球系统转型的量级、影响和未来持续时间。从 20 世纪中叶开始，人类影响才具有全球性和同步性，并永久地改变了地球系统，在地层中留下了不可磨灭的印记（Zalasiewicz et al. 2015b）。古人类学和考古学加深了我们对人类和地球系统早期环境相互作用的理解，同时，也凸显出我们目前的困境史无前例。

6.1.5　文化与社会人类学

我们当前困境中前所未有的挑战也促使文化和社会人类学家反思其所研究学

科的前提条件。人类活动怎么突然间就改变了地球的运转方式呢？针对这一问题，出现了两种研究方法。一种高举人文主义旗帜，将人类置身于自然环境之中，并将所有的人类驱动力和人类力量看作一个整体；另一种则关注最近出现的人类力量和知识的新形态。

持第一种观点的群体包括了许多杰出的人类学家（如 Anna Tsing、Tim Ingold、Eduardo Kohn、Elizabeth Povinelli），以及政治学家（如 Jane Bennett、Diane Coole、Samantha Frost、William E. Connolly）、文学家（如 Urusla Heise）、科学技术研究学者（如 Donna Haraway、Bruno Latour）、伦理精神学家（如 Michael S. Northcott 2014）等其他领域的学者。他们认为，自然-文化二元论以及对人类力量的关注，并不能帮助人们理解人类世，而应该去关注问题的根源。他们使用"新唯物主义"（Bennett 2010；Coole and Frost 2010）、"地质本体论"（Povinelli 2016）、"自然文化"（Haraway 2003；Fuentes 2010），以及哲学家杜维明（Tu Weiming 1998）的"人类宇宙"等概念，敦促人类学家不要认为自然与文化的割裂是理所当然的。爱德华·科恩（Eduardo Kohn 2013）在其关于森林的著作中提到了"生命人类学"，认为生物和非生物在彼此交织的网络中互相扮演代理人或行为体的角色。马里索尔·卡德纳（Marisol de la Cadena）分析了安第斯山脉的克丘亚人和他们海纳百川的世界观，而这种世界观曾指引马里亚诺·图尔波（Mariano Turpo）对 1969 年土地改革的抵制，也指引了他儿子的萨满教（Cadena 2015）。这些作者的创作目的可以简单地概括为两点：第一，创造更具包容性的故事；第二，倡导一个更加包容的政体。

可以肯定的是，如果将民族志的领域扩大，涵盖到不同类型的参与者，就能够更好地理解所谓的现代化"进步"是如何造成了我们现在的荒凉形势和惨淡前景。这些研究方法包括"多种族民族志"（Kirksey and Helmreich 2010）、"多种族叙事"（Tsing 2015，p. 162；Tsing et al. 2017）和"地理叙事"（Latour 2017）。作者将所有的生物和非生物都当作行为体，书中的故事是人类和非人类物质共同作用的结果。例如，在《末日松茸》（*The Mushroom at the End of the World*）一书中，罗安清（Tsing）以难以琢磨的松茸为线索，穿梭于由生物、时间和空间交织而成的网络体系中。这种真菌癖性特殊，无法培育，更加吸引了日本鉴赏家的注意，他们尽情享受着松茸的"秋意香气"。松茸会在符合自己习性的领土肆意生长，它们偏爱受过扰动的土壤，包括原子弹爆炸后的广岛。尽管松茸在全球市场上的价值很高，但并未受到资本的控制。采集松茸是社会边缘人的工作，通常是秘密进行的。松茸沿着国际贸易路线被快速传递之前，在中国、美国西北部和其他地方的深山老林里会举行隐蔽的非法拍卖活动。罗安清追踪了围绕松茸蔓延的关系网，故事与现代化"进步"无关，能讲的只有"人类与非人类伴生"的故事（Tsing 2015，p. 282）。罗安清通过描述松茸和其他物种的韧性，启示我们在未来现代化的废墟中生存。

用后人文主义的术语重述我们的故事注定会产生政治后果。在《我们从未现代过》（*We Have Never Been Modern*，1993）一书中，布鲁诺·拉图尔（Bruno Latour）呼吁建立一个"物议会"，即所有生物直接参与民主审议机构的工作。在《潘多拉的希望》（*Pandora's Hope*，2000）一书中，他确信有一天，我们会问非人类物种："你们准备好付出怎样的代价来过上好日子？"他指出，"很多聪明人士可能在很久以前就意识到这是个最高的道德和政治问题，很快将出现'仅供人类使用'而把非人类排除在外，这一点我确信无疑，因为（美国）开国元勋就曾否定过奴隶及妇女的投票权"（Latour 2000, p. 297）。同样，在《活力之物》（*Vibrant Matter*）一书中，简·本内特（Jane Bennett）写道：

如果人类文化与充满活力的非人类行为体交织在一起，并且人类的意图只有在大量非人类物种参与下才能实现，那么，似乎在分析民主理论时，适当的分析单位不应该只是人类个体，也不应该是唯一的人类集体，而应该是围绕在一个问题周围的（在本体论上具有异质性的）"公众"……当然，承认非人类物种是政治生态的参与者，并非一概而论。人、蠕虫、树叶、细菌、金属和飓风所拥有的能力类型不同，能力大小也不同，就像不同的人有类型差异和能力大小一样，不同的蠕虫也有不同类型和能力大小的区分等（Bennett 2010, pp. 108-109）。

将非人类生物纳入我们的民主制度中也是文学家厄休拉·海斯（Ursula Heise）创作《想象灭绝》（*Imagining Extinction*，2016）一书的目的。对后人文主义者而言，人类世重构了人类学的研究对象，并且改变了政治是人类独有的实践这种人类学观念。拉图尔（Latour）观察发现："许多人类学家希望保持人类的中心位置，却没有意识到这个中心已经改变，而且，地质学家、气候学家、土壤学家和流行病学家起初也将人类行为体置于中心位置，后来才重置了人类的位置"（Latour 2017, p. 46）。

与后人文主义者不同，其他社会和文化人类学家研究人类世时，并没有将人类置身于生物和非生物作用的网络体系中，而是强调人类的作用。他们认为，人类拥有与其他物种本质上不同的作用力。他们关注的是人类近来对地球系统的惊人主导作用，及其对人类社会的差异影响。用本内特（Bennett）的话来说，很少有人会否认人类"伴有数量可观的非人类随从"这一说法，大家更关注的是最近出现的人类开创时代的能力，而不是将注意力分散到伴生种和无生命的协作体上。例如，在《过热：加速变化的人类学研究》（*Overheating: An Anthropology of Accelerated Change*）一书中，托马斯·许兰德·埃里克森（Thomas Hylland Eriksen）强调我们目前的境况是前所未有的，"与如今的状况相比，以前人类在地球上留下的印记微乎其微"，没有什么地方能够脱离人类的影响。他指出，"即使是在没有人类涉足的大片雨林或沙漠中，人类活动的印记也会通过气候变化、干旱、洪水、人为引入物种的扩散等局部影响呈现出来"（Eriksen 2016，p. 17）。这个罪责主要在我们自己，而不是其他生物，关注点应在人类独有的特性上。

从这个角度来看，由于人类社会所产生的巨大影响，人类及其独特的人类政治制度要承担更多的责任。埃里克森认为，人类力量增加了地球系统的压力，而且这种影响还在加速，"人口越来越多，从事的活动也越来越多，其中许多活动是通过机器进行的，以前所未有的形式相互依赖"（Eriksen 2016，p. 10）。能源系统、交通、通信、城市化以及垃圾在全球的扩散是人类对地球主导作用不断增强的核心。不过，这些作用力在各地并不同步，"社会、文化和生命世界的不同部分变化速度不同，再生速度也不同，为了应对全球化加速所带来的冲突，有必要理解加速与放缓、变化与延续之间的脱节现象"（Eriksen 2016，p. 10）。民族志是展示人类世的"冲突规模"是如何产生的弥足珍贵的工具。1951～2014 年，难民的数量由 100 万激增到了 6000 万，与此同时，运载富人的航班数量也在增加。众多人类学家赞同埃里克森的观点，即我们所处的困境是史无前例的，人类学的范式有助于理解我们如何走到现在的处境，以及我们可以用什么文化资源来应对这一挑战。这些人类学家讲述了对地球资源、非人类物种和脆弱的人类社区如何掠夺的故事。

新形势下面临的紧迫问题使得人类学家需要重新构建民族志，将气候变化、水资源短缺、海平面上升、生态系统耗竭、能源转型、人口增长等人类世所面临的危机纳入其中。例如，文化人类学家魏乐博（Robert P. Weller）在其《发现中的自然：海峡两岸的全球化与环境文化》一书中表示，"20 世纪 70 年代末在中国台湾进行的第一次田野调查中，没有发现任何自然迹象"。十年后，他发现"中国台湾在 20 世纪 80 年代中期找到了'自然'"，此后不久大陆也找到了自然（Weller 2006，pp. 1-2）。甚至在"人类世"这一术语出现之前，"用创新思维认识人类与环境之间的关系"的新想法就已经在酝酿之中了。这种创新思维不仅是受到环境污染的刺激，还受到了"全球影响和本土社会文化资源的结合……改变了所有的日常生活方式，包括燃料成本、抗议活动、烹饪的劳动力需求、政府法规、教育、休闲活动等"（Weller 2006，pp. 9-10）。

人类学家茱莉·克鲁克香克（Julie Cruikshank 2005）致力于研究人类对冰川的不同观点，讲述了一个类似的故事。在加拿大和阿拉斯加之间的圣伊利亚斯山冰原沿线，土著居民往往将这些冰川人格化，认为它们是可以思考和对话的物种，而 18 世纪最初抵达这里的欧洲殖民者则将这些冰川视为研究对象或障碍物。如今，科学家设法融合"传统生态知识"，但发现，无视当地人的文化架构就无法获取这些"资料"。例如，育空原住民的地域意识很强，他们不愿被"系统化并纳入到西方管理制度中"（Cruikshank 2005，pp. 255-256）。而且在面对快速变化的地球，传统知识也在不断发展以应对新的挑战。克鲁克香克呼吁要扩大"地方知识的空间"，而不是将不同观点合并到一个单一的资料集中。她认为，在我们应对复杂且连续的挑战时，没有哪种知识形式应该占据主导地位。

人类的混合动机，不同的知识生产形式，以及临时组合构成了民族志的核心。在所有关于地方环保抗议和冲突的故事中，最著名的是历史学家拉马钱德拉·古哈（Ramachandra Guha）在《不平静的森林》（*The Unquiet Woods*，2000 [1989]）中描述的"拥抱森林运动"的故事。在喜马拉雅山脉的高地，农户为了捍卫他们使用森林的传统权力，奋起反抗与他们持不同意见的外来者政府对林地的管控。自 20 世纪 70 年代起，马克思主义者开始帮扶被剥削阶级，生态女权主义者庆祝女性领导了这场运动，而环保主义者保护森林和森林栖居动物。古哈所描绘的是一个鱼龙混杂的联盟团体，他们的世界观不同，联盟的理由千差万别，但却有效地保护了那片森林，这是单个组织可能做不到的。

正如民族志所记录的，能够理解人类世产生原因和条件的最佳分析方式和角度并不存在。不管是对受制于现代化力量的土著居民，还是对加速生态环境破坏的人们而言，"地方经验"和"全球知识"之间的相互联系都在日益加深。事实上，那些受"历史力量"影响和对人类世"驱动力"负责的往往是同一类人。尼日利亚石油工人的民族志（Akpan 2005）记录，哈维飓风中受灾的休斯敦居民（Morton 2018）和公司管理人员（Jordan 2016）的观察报告，都显示在一个相互渗透的世界里，作恶者和受害者之间的界线可能会变得模糊不清。

6.2　点燃人类世的历史

在研究人类世的过程中，历史学科对古人类学、考古学和人类学所面临的尺度和因果关系问题并不陌生，但它仍然将研究范围局限于书本内容，忽视了自然和其他一切。已知的最古老的文字语言是苏美尔语，始于公元前 3500 年左右，其历史还不到全新世时间的一半。那时除了少量神职人员、商业或行政精英，很少有人做书面记录，即使他们做记录，这些书本记录也会受时间、战争、天气、审查制度、昆虫和老鼠等的破坏。那么，这些有限、零散的、支离破碎的记录如何能帮助理解"人类"呢？它们能提供理解人类世很重要的一点是突出了成为行星驱动力的制度建设（宗教、贸易网络、治国理政等），以及制度背后的理念。书面语言可以使我们穿越时空传递复杂的知识，协调管理疆土、开发资源和开启民智。可以说，读写能力造就了人类世，因为如果没有读写能力，就很难将人类组织起来，成为主宰地球系统的营力。从积极方面讲，它帮助我们探索改善自身处境。

6.2.1　太阳底下的新鲜事

在千年之交，科学家和历史学家的观点不谋而合。2000 年，大气化学家保罗·克鲁岑（Paul Crutzen）和世界历史学家约翰·麦克尼尔（John McNeill）都宣称发现了"太阳底下的新鲜事"。如前所述，克鲁岑在墨西哥库埃纳瓦卡的一次科学会议上用"人类世"一词指代了这些新鲜事。几个月后，他和生物学家尤金·施特默（Eugene Stoermer）在 IGBP 通讯上联合发表了一篇长两页的文章（Crutzen and Stoermer 2000；Carey 2016）。这一年，麦克尼尔和克鲁岑一样大胆，发表了《太阳底下的新鲜事》（Something New Under the Sun，2000）一书，不过这本书厚达 400 页。克鲁岑认为人类世始于 18 世纪末期，而麦克尼尔的提议更令人信服，即在 20 世纪以来，"人类对生态系统的改造作用首次这么广泛、强烈"（McNeill 2000，p. 3）。2019 年，人类世工作组以压倒性投票结果同意将 20 世纪中叶作为人类世的起始时间。

麦克尼尔还认为在人为造成的环境变化面前，"第二次世界大战、共产主义事业、大众文化水平提高、民主普及或妇女解放运动的发展"的影响远远逊色。比大多数现代历史学家所分析的这些核心事件更为重要的是"诸多进程中的突然加速现象""人类无意中在地球上进行了一个庞大的、不受控制的实验"（McNeill 2000，p. 4）。麦克尼尔的书之所以与众不同，不是因为它描述的环境史是 20 世纪 70 年代以来的热门领域，而是因为它是一部未被承认的人类世历史。他为一个长期致力于揭示人类贡献的领域，阐述了人类征服地球所面临的许多核心挑战。

为了理解 20 世纪的"突然加速"，麦克尼尔深入研究人属物种的发展历史，探究人类对岩石圈、土壤圈、大气圈、水圈和生物圈的影响，最终刻画了过去 500 年来人类活动跌宕起伏的发展历史，包括"早期现代"历史和"现代"历史。麦克尼尔认为，人类之所以能跨越 20 世纪中叶的门槛，对机器的发明和社会组织的开创至关重要，但小冰期（1550～1850 年）的结束以及 18 世纪前"人类宿主对一些病原体和寄生虫的逐渐适应"也是助推因素（McNeill 2000，p. 17）。不过，这还不够。麦克尼尔说，最终决定我们命运的是"20 世纪化石燃料能源系统和人口快速增长几乎遍及全世界，对经济增长和军事实力的意识形态和政治承诺也已经广泛、巩固。"（McNeill 2000，p. 268）。简单来说，物理、社会、经济、政治、意识形态和人口因素等在二战后发生的全球性变化是对麦克尼尔在著作中提到的"多重的、互相强化的原因"的精准阐释。虽然一些学者强调连续性，但麦克尼尔更强调变化。一些学者将人类世归因于单一原因，如资本主义，或者说"一群英国白人把蒸汽动力作为在海上和陆地上、船上和铁路上对抗人类的最好的武器"（Malm and Hornborg 2014，p. 64；Moore 2015；Malm 2016）。而麦克尼尔则倾向于用复杂因素解释，他的人类世史描绘的是一个新的、复杂的系统性困境，而不是单纯的由 CO_2 或经济系统引起的环境问题。

人类世和环境史的区别到底在哪里？最重要的是，人类世史提供的是一个与众不同的分析框架，而不是一个附加主题。人类世关心的一些主题可能与环境史学家所关心的一样，但其他的主题则可能来自于经济或思想史等分支领域。与其他新历史框架（比如劳动史、性别史和结构主义）一样，人类世史使历史学家在创作前，思考历史的目的、证据的最佳呈现形式以及如何从杂乱的事件中梳理出有意义的故事等基本问题。

　　为了完善"人类世"的研究，一些具有争议的历史调查工作仍在继续，但可以确定的是人类世史与环境史在四方面明显不同。首先，可以将人类世史与环境史区别开的一个特征是人类世史具有前所未有的新颖性，我们一直生活在环境中，但从未生活在人类世，我们希望保护环境，但很不欢迎人类世。其次，人类世史发生的范围是全球，其着眼于地球深时历史以及近期人类消耗资源的空前加快，而环境史不需要回应全球问题或地质年代问题。再次，人类世史响应于地球系统科学，而不是生态学。最后，人类世史必须应对一个全新的概念，即人类作为一种系统的行星力量以及其后果。

6.2.2　尺度与人类世史

　　关注尺度是人类世史的特征。这段历史建立在对过去地球系统认识的破裂，和 20 世纪汇聚的各种营力的速度、强度和相关性的关注。环境史既不需要应对自然和人类相互作用的全球后果，也不涉及 20 世纪的独特性。而人类世史虽然没有即时研究焦点，但其特征是涵盖了广大范围，并以 20 世纪中期为中心点的变化。这并不是说古典希腊或蒲甘王朝对伊洛瓦底江河谷 250 年的统治不属于人类世。人类世史的关键是，无论人类世史学家研究哪个时期，他们都会问它能揭示出我们现在所处的"巨大且失控的境况"的什么问题（McNeill 2000，p. 4）。

　　也就是说，环境史与人类世史在尺度上的界线有时是模糊的，就像天气和气候之间的差异一样，其核心问题是证据如何构建。一个炎热的夏天并不能证明气候变化了，但它可以与其他炎热的季节结合，提出一个普遍模式。同样地，中世纪匈牙利人放牧或古代日本人的林业活动的环境史不能自动与人类世联系在一起，除非作者有意将这项研究作为更大尺度叙事和行星系统变化的一部分。

　　这些标尺的连接需要精心设计。例如，麦克尼尔利用累积聚合、水平网、图表和"持久"感将特定事件和全球模式连接在一起。他运用了第 1 章中所述的两种尺度模式：由小到大的集成嵌套尺度以及阈值事件的蔓延扩展尺度。换句话说，他不仅主张大图卷的重要性，还重视"从量变到质变"的过程。正如麦克尼尔所观察到的，"许多变化不断加剧并累积起来可能会引发一些极重要的变化，使地球系统发生本质性转换"（McNeill 2000，p. 5）。一旦超越这个阈值，对地球系统和人类都会产生不可预测的影响。与自然系统一样，社会也有临界点，如使人们生活发生翻天覆地变化的政治、经济或文化的革命。这种系统性思维非常重要，既关注已经发生的全新世系统的内部运作机制，也关注将地球带入一个新系统的加速机制。甚至在克鲁岑提出"人类世"之前，麦克尼尔的《太阳底下的新鲜事》就已经奔行在巨大的时间和空间尺度上了。人类世史也同样如此。

6.3 人类世史的具体科学

无论如何，人类世史不是简单的环境史，它关注各类更广阔的尺度和更大的强度。人类世史和环境史之间的第三个关键区别是所涉及的科学问题类型不同。虽然环境史关注的是"环境"，人类世关注的是"地球系统科学"和地质学，但"环境"和"地球系统"这两个概念都是作为一种新的、颠覆性的研究世界的方式出现在科学中。它们在几个学术领域统一了标准，并很快获得了社会和政治的共识。但它们并不完全相同，在阐释环境史的兴起时，保罗·沃德（Paul Warde）、利比·罗宾（Libby Robin）和斯韦克·索林（Sverker Sörlin）说到，环境"是 20世纪 40 年代末期，科学家为了管理整合'自然资源'而提出的概念"（Warde 2017，p. 248）。此概念随后迅速融入了其他领域，使我们能够"将研究和管理自然的实践和想法相结合"（Warde 2017，p. 252）。环境史学和其他科学一样，很少涉及地质学，它以"环境"为中心，开创了理解人类发展的新方法。

支撑人类世史的关键科学始于 1983 年的"地球系统科学"。它把地球看作一个单一且完整的个体,在45.4亿年的时间里从一个独特的系统发展到另一个系统。全新世或人类世与再之前的地球系统有很大的不同，如在 40 亿～25 亿年前的太古宙，地表可能很热，初期时"海洋温度有时能达 80℃（176℉）以上"（Robert and Chaussidon 2006）。大部分时间里，大气中含有很少甚至不含游离氧，所以没有什么东西生锈。之后，大气开始积累游离氧，引发了一套与众不同的反馈机制，如甲烷的氧化。在 23 亿～22 亿年前，孱弱的年轻太阳，加上甲烷的迅速减少，导致地球变成了一个"雪球地球"（Kopp et al. 2005）。在比宙低好几个级别的人类世，地球系统同样发生了巨大改变。人类世史在与地球系统科学相碰撞时便意识到，人类活动已经结束了一个地球系统（全新世以及之前更新世 260 万年的规律），并通过大气圈、岩石圈、水圈、生物圈和其他圈层的相互作用，不经意间建立了另一个地球系统。总之，环境史和人类世史在尺度和本质科学概念上是截然不同的。

以这种方式理解，即使是全球环境史也不等同于人类世。阿尔弗雷德·克罗斯比（Alfred Crosby）的开创性著作《哥伦布大交换：1492 年以后的生物影响和文化冲击》（*The Columbian Exchange: Biological and Cultural Consequences of 1492*，1972）写道，欧洲对美洲的统治是建立在欧洲动植物和微生物造成的生态破坏上的。1986 年，他在《生态扩张主义：欧洲 900～1900 年的生态扩张》（*Ecological Imperialism: The Biological Expansion of Europe，900～1900*）一书中将造成生态破坏的责任方扩大到了在冰岛和格陵兰的挪威人、在中东的十字军及之后遍布北大西洋中部岛屿、非洲、澳大利亚和新西兰的欧洲人。这些经典著作表明，关于欧洲政治和文化优势的故事必须考虑生态因素，而事实上，这些生态因素往往是关键。虽然克罗斯比的著作仍存在争议，但即使是在全球范围内由生物和环境组成的复杂生态系统，也不同于地球系统，后者远超出前者各组成部分的总和。正如伦理学家克莱夫·汉密尔顿（Clive Hamilton）所说的，"全球环境不是地球系统"（Hamilton 2015a，p. 102）。历史学家仍在探索如何阐明这种差异，关键在于理解这一改变地球系统的惊人新力量对我们多样且复杂的人类意味着什么。

6.4 人类世史中的人性重塑

除了新颖性、尺度和地球系统科学外，人类世不同于环境史的第四个关键方面是它致力于重塑人性。如果人类已经首次改变了地球系统，那么旧人文主义在探索惊人而可怕的人类力量后，便会重新完善关于"人类是谁，能改变什么和不能改变什么，以及希望实现什么"的问题。人类世是一个瑰怪奇丽的新棱镜，向人类的过去、现在和未来投射去了神秘的光线。历史学家仍在进行理论完善，以便将人类世囊括进其学科领域。事实上，也许将历史学家的研究描述为在浅滩涉足可能更准确：一些人在海岸边摸索环境历史，另一些人在前哨地区，探索政治史、经济史、女权主义史、思想文化史和许多其他分支学科。如果历史的终点是人类世，那么丰富多彩的人类历史对其意味着什么？这是人类世的核心理论难题。

面对这一前所未有的挑战，思想文化史学家和后殖民史学家迪佩什·查卡拉巴提（Dipesh Chakrabarty）率先站了出来。他的《历史的气候：四个命题》（The Climate of History：Four Theses，2009）一书精彩纷呈、论点翔实，引发了广泛讨论。查卡拉巴提强调我们目前处境的独特性，在这一处境中，全球化和全球变暖、资本主义和气候变化相互交织。他说，"自然史和人类史之间由来已久的人文主义壁垒的瓦解"给现代史中的自由故事投下了阴影（Chakrabarty 2009，p. 201）。他观察到，"自启蒙运动以来，人们在讨论自由时从未意识到地质体的存在，而人类却一直从中索取，索取的过程又与他们自由的获取密切相关"，这一现象不止存在于欧洲。同样地，在日本，自由（jiyū）和自然（shizen）被视为对立面，自然被压制了（Thomas 2001）。而今，"现代自由大厦似乎建立在化石燃料的无限制使用上"（Chakrabarty 2009，p. 208）。这意味着现代化带给人们希望的同时，也伴随着带给地球行星的破坏。

查卡拉巴提的目的是将这个颠覆性的悖论当作一个政治议题和历史中常见的问题来探索：我们如何在讲述"人类物种"悠久历史的同时，也讲述人类渴望、满足和失败的各种经历？如何在相对较小的尺度上验证或批评塑造社会的事件和人物的同时，也在对地球系统集体造成的影响中认识自己？对这些问题，查卡拉巴提认为没有简单的解决方法。这与文化评论家瓦尔特·本雅明（Walter Benjamin，1892—1940）的观点相呼应，本雅明认为"（人类这个）物种可能是气候变化危机时刻突然出现的人类新世界的一个名词，我们永远无法理解"，正如我们在意识到"人类世"之前，曾经将它们理解为创造了历史的勇于奋斗、充满希望的生物（2009，pp. 221-222）。没有办法去解决无视人类未来的地质过程与创造历史的人类存在意义之间的矛盾，它们是两个互不妥协的对立面。尽管如此，人类行动的空间仍然存在。

　　简而言之，将两个本质相矛盾的事情结合在一起是人类世史面临的一项几乎不可能完成的任务。一方面是在没有人类的深时地质历史过程中人性不具任何代表性，与之相对的另一方面是以人类为中心的成功和失败、希望和危机的故事。（Chakrabarty 2017，p. 42）。在人类世史中，寻找人类行动的意义是一项艰难的任务。人类存在的目的、个人和集体、我们评判过去的政治和道德标准以及我们创造、改变和选择环境的能力，这些都是需要研究的问题。人类控制范围之外的更大的系统也有待深入探讨。

　　历史上的因果关系和意义问题并不仅限于人类世史，所有的历史都面临这些问题。在强调环境的同时，环境史学家也面临如何将自然世界融入人类世界中的挑战。环境史学家威廉·克罗农（William Cronon 1992）在一篇有关美国大平原的文章中写道，开端、经过和结尾是叙事的关键因素，但这些生态变化过程，甚至是人类造成的生态变化过程都没有。历史学家的故事"从宇宙的角度来看都是虚构的，纯粹且简单"，而克罗农认为故事"仍然是我们世界上的主要道德指南"。在他看来，环境史的工作"如果增加自然及人类在其中的地位，这种历史故事将会更好，故事中所有的事物都是平等的"（Cronon 1992，p. 1375）。为了将"人类放置在他们并未完全理解但已潜移默化影响了其行为的事件当中"，环境学史要把人类和生态结合在一起，尽管叙事技巧根本无法化解两者之间的对立关系（Cronon 1992，p. 1375；Thomas 2010）。如果说美国中心地带这样相对有限的范围，以及20世纪从乌鸦印第安酋长政变到罗斯福的新政这样的故事，对克罗农的"环境"设定框架和叙事也带来了挑战，那么，当更大的尺度及不同的综合科学造成更大的分析和修辞难题时，"人类世"又将带来怎样的挑战呢？

　　正如克罗农所说，人类世史和环境史都在精心创作有意义的故事，即使他们知道这些故事"从宇宙的角度来看都是虚构的，纯粹且简单"。在这一点上，它们是相似的。两者最大的区别是对自然和人类关系的处理上。虽然克罗农的环境史谈到了"自然及人类在其中的地位"（Cronon 1992，p. 1375），人类世史重新审视后发现人类不单是存在于自然中，还集结在一起成了主导地球的力量。也就是说，我们既是地球上的居民（人在自然中），也是行星力量（人即自然）。查卡拉巴提将我们的境况概括为"同时是人类的，也是地质的"（Chakrabarty 2018，p. 22）。正如他所说，历史上"有关人类内部的非正义、不平等、阶级斗争的争论"将会继续。但为了理解我们的境况，"根深蒂固的人文主义观念会被'深时'视角替代，这将不可避免地避开以人为中心的观点"（Chakrabarty 2017，p. 42）。人类世史仍然致力于讲述关于人类的政治和伦理故事，同时承认人类社会已经加入了塑造地球系统的地质营力的队伍。这种矛盾的二元论将查卡拉巴提与新唯物主义者（如本内特和拉图尔）的理论区分开来，后者试图将所有生物和非生物纳入政治和伦理领域来解决这一困境。

总之，四个因素将人类世史与其他类型的历史区分开来。第一是核心因素，未来困境具有前所未有的独特性；第二，对巨大时空尺度的关注；第三，与地球系统科学的相互交叉；第四，将"人类"视为一种从未想象过的行星力量，去考虑其带给我们讲述道德和政治故事的影响。人类世不是一个主题，而是一种理论视角，带来了一系列新的问题。

在《太阳底下的新鲜事》（*Something New Under the Sun*）快要结尾的部分，约翰·麦克尼尔（John McNeill）指出，我们并非首个不可持续的社会。相反，过去几千年的历史表明，在我们广受批评的现存社会之前，还存在一系列局部或区域性的不可持续社会的盛衰消亡。虽然早期有一些社会灭亡了，但也有许多"改变了他们的运行方式幸存了下来"，但他们不是走向永恒，而是转向一个新的、不同以往的不持续状态。不过，全球范围内的不可持续性社会可能完全是另一回事。早期社会受益于"生态缓冲区，如荒野、未使用的水源、未受污染的环境等"，而今天我们已经不再拥有这些东西了。麦克尼尔警告道：在不久的将来，"最困难的处境可能包括淡水短缺、气候变暖带来的不利影响、生物多样性的减少"，甚至"瓦解"（McNeill 2000，pp. 358-359）。2000 年以来出版的人类世史中，几乎没有人质疑这一观点。

6.5　结　　论

从本章讨论的学科角度来看，"人"的出现远不只是成为改变地球系统的巨大力量。人类驯服了苍狼，杀死了猛犸象，并发展出了从语言和洞穴壁画到葬礼仪式的认知形式来操纵复杂的符号系统；改造了局地环境，学会了播种收割，发展成了大型定居聚落；有时会与神灵对话，与冰川畅谈。从长期变化来看，有的社会群体会在有限的生态系统中设法生存，有的则不断地突破环境的极限。总的来说，日益增加的人口数量为了生存和可持续发展，在不断向地球边界施压。但是人类社会并不单单是各部分的总和，文化和社会的特殊性以及复杂个体的独特性超越并挑战着任何单一的表述尝试。没有单一主角或一个完整故事能把我们人类在地球上扮演的关系角色中表述出来。将研究人类世的自然科学和研究人类的社会科学相结合，创造了一系列理解"我们人"的方法。这些反过来使我们能够得到超越"问题"的普遍"解决方案"，并提供多种工具以应对大大小小的区域或是全球性的困境。

正如本章所展示的，虽然人类科学和地质学人类世中的人类一词有着共同的希腊语词根，但含义不尽相同。区域或全球作用力，不同文化背景的集体对社会和自然产生的大相径庭的观点，以及个人和集体意志，都对人类的解译至关重要。古人类学、考古学、人类学和历史学倾向于强调人类的多样性，地球系统科学则倾向于关注改变了地球的人类活动合力。一种方法关注于社会形态和行为，包括那些本不会导致人类世的社会形态和行为；另一种方法则以主宰地球的活动营力揭示人类世的现实。多学科方法的目的，是要寻找将这两种认知相结合的途径，同时承认它们之间存在不可调和的争论。

第7章　行星极限的经济学和政治学

1944 年 7 月，美国财政部部长小亨利·摩根索（Henry Morgenthau Jr.）在布雷顿森林会议开幕式上宣布了一项推动战后世界发展的经济规则。他指出，所有人都可以"在一个拥有无限自然资源的地球上享受物质进步的成果"，只要坚持"基本的经济学原理……繁荣没有限制"（Rasmussen 2013，p. 242）。半个世纪后（1992年），世界银行首席经济学家、后来出任美国财政部部长的拉里·萨默斯（Larry Summers）重申了现代化的这一核心原则，"在可预见的未来，地球的承载能力是没有限制的"。随后他进一步对限制的想法提出了警告："不存在由于全球变暖或其他原因导致世界末日的风险。那种认为我们应该因为某种自然极限而限制经济增长的想法，错误至极。一旦这种想法被证实具有影响力，将会产生惊人的社会成本"（Bell and Cheng 2009，p. 393）。经济无限增长的信念占据了主导地位，促进了资本主义和共产主义国家、不结盟国家和国际组织的战后经济和政治机构的构建。从美国的战后繁荣到日本的"经济奇迹"，所有现代国家都主张无止境的发展，追求无穷尽的福利。追求经济增长是现代世界发展的统一标准，毫无疑问，这也推动了大加速的出现。

20 世纪 80 年代，罗纳德·里根（Ronald Reagan）领导下的美国和玛格丽特·撒切尔（Margaret Thatcher）领导下的英国都强烈支持以市场为主要的经济增长机制。其他国家，如日本，则通过国家对私营企业的引导来推动经济增长。当这个亚洲国家在 20 世纪 80 年代超越除美国以外的所有西方国家成为世界第二大经济体时，日本通商产业省（1949—2001）令人们震惊的同时，也令人钦佩。工业化大国和劳动密集型国家都喜欢经济增长。在资本主义国家，体现市场上所有商品和服务的国内生产总值（GDP）是衡量经济和政治成功的主要指标。共产主义国家也希望经济增长，苏联部署了中央计划经济体制、生产资料公有制和农业集体化等战略来提高生产力。1928 年以来的一系列"五年计划"，使苏联从一个贫穷落后的农业国转变为工业强国，在第二次世界大战中战胜了纳粹侵略者，并在 20 世纪 50 年代和 60 年代以更快的速度发展。该国衡量经济增长的指标是物质生产净值（NMP，不包括服务业），而不是 GDP。许多新解放的亚非国家的知识分子和领导人在摆脱殖民统治后就关注到了苏联的成就，并寻求效仿中央计划经济体制以推动经济增长。总之，经济增长的信条受到了所有政党的拥护，只有少数人持不同意见，比如印度独立领袖圣雄甘地（Mahatma Gandhi，1869—1948）和特立独行的社会哲学家安德烈·高兹（André Gorz，1923—2007）。"经济增长主义"（growthism）深深植根在了现代政治、社会和文化制度之中。在激发和推动人类世方面，没有任何信念比"经济增长主义"发挥了更重大的作用。

经济增长作为一种组织经济和建立政治共识的方式，取得了惊人的成功。用以衡量全球商品和服务产出的 GDP，从 1960 年的略高于 1 万亿美元飙升至 2018 年的 80 万亿美元（Statista 2018；World Bank 2018）。通货膨胀调整后，美国 GDP 从 1950 年的约 3000 亿美元增长到了 2018 年的约 21.429 万亿美元（据 The Balance 网站）。1950 年，饱受战争摧残的中国，农业经济蹒跚起步，经济发展刚刚开始，而今已飙升至 14 万亿美元，成为世界第二大经济体。1950 年，日本的人均 GDP 低于墨西哥和希腊，而现今 GDP 约为 5 万亿美元，成为世界第三大经济体。这三个国家的 GDP 几乎占了全球经济总量的一半。与此同时，世界人口从 1950 年的 25 亿增长到了现在的 78 亿多，这主要归功于卫生条件的改善、食物的充足以及医疗保障的提高。此外，更多的婴儿茁壮成长，人们更加长寿。在世界历史上，生产、消费和人口数量从未出现过如此高的增长速度和如此高的水平。

但这既是好消息也是坏消息。全球 GDP 的增长伴随着富人过度消费和贫富差距的扩大。包括美国、日本和英国在内的富裕国家对地球上越来越多的资源需求都处于"过度"状态，全球足迹网络将其定义为"人类对自然的需求超过生物圈的供给或再生能力时的状态"（Kenner 2015，p. 2）。被过度需求的资源包括物质资源和化学能源，前者包括从用于电子产品的稀有金属到作为混凝土配料的沙子，后者如化肥中的磷。当代人正在吞噬后人维持生计的食物。现在，全球每年消耗的自然资源约为地球年产资源的 1.7 倍，使我们进一步陷入了生态债务的深渊。

谁是过度消费人群中的富人？根据 2018 年《瑞士信贷全球财富报告》（Credit Suisse Global Wealth Report），全球有 1% 的人年均收入高于 32400 美元（约合 2.54 万英镑、28360 欧元、3518769 日元、240 万印度卢比、249690 元人民币）。要想跻身最富有的这 1% 人群，你需要更多钱，包括股票在内约需 77 万美元。托马斯·皮凯蒂等（Thomas Piketty et al. 2014）和其他研究（Ortiz and Cummins 2011；Byanyima 2015）表明，财富在少数人手积攒的速度比收入增长来得还快。1970~2010 年，特别是在高收入国家，收入差距急剧扩大（Piketty 2014，p. 24）。这使得世界上其他许多国家没有多少财富或收入。瑞士信贷董事会主席乌尔斯·罗纳（Urs Rohner）在《2018 年全球财富报告》（Global Wealth Report，2018）引言中指出："32 亿成年人（约 64%）的财产不足 1 万美元，他们的财富总和仅相当于全球财富的 1.9%"（Shorrock et al. 2018，p. 2；Kurt 2019）。按人均计算，全球多数人没有过度消耗地球资源，也没有从经济增长中获益，但却更容易受到水和粮食短缺、生态系统崩溃、气候变化及随之而来的暴力犯罪的影响。在本章，我们研究了经常否认或忽视人类世的主流经济学，以及坚持环境是经济一部分的另外两种经济学，一种是"环境经济学"，另一种是"生态经济学"。但它们都以不同的方式反对新古典经济学观点，即将自然资源排除在市场计算之外。

7.1　主流经济学：增长即好事

虽然经济增长无意中对环境和社会造成了越来越显著的破坏，但必须承认它最初很具吸引力，不仅仅是少数贪婪的人接受了它。无限增长的承诺欺骗了（现在仍然欺骗）很多人，因为它不仅承诺减轻极度贫困，而且承诺在社会内部和社会之间实现更大程度的公平。从 18 世纪末开始，特别是第二次世界大战后，经济增长的意识形态向大家预示了一个更美好、更公平的世界。西方布雷顿森林体系的设计初衷就是要促进国家间和国家内部的公平，东方的共产主义理想也是出于同样的目的。经济增长带来更多的产品和服务，而市场、政府决策、集体公平感或三者的某种组合将以公正和有益于社会的方式分配这些物质利益。在第二次世界大战之后的西方世界，至少到 20 世纪 70 年代初，布雷顿森林体系崩溃之前，经济增长与社会福利之间的联系是公认的（Varoufakis 2016）。20 世纪 50 年代和60 年代，美国和英国国内的贫富差距大幅缩小。然而，到了 20 世纪 80 年代，经济增长与社会福利脱钩，二者在某些情况下被视为两种对立的价值观。罗纳德·里根和玛格丽特·撒切尔出台的政策推动了经济增长，而不是更多的平等、社会福利和教育投入。提高 GDP 成为大多数国家的首要政治和经济目标，全然不顾其对社会和环境的影响。提高 GDP 也被嵌于当代世界各地的经济、政治和社会结构中。

现今，在主流经济学中，对经济无限增长可能性的信念仍然占据主导地位。一些国家已经放弃了计划经济体制，某种形式的市场经济体制支配着这些国家。国际货币基金组织等机构在全球范围内推行"市场原教旨主义"，相信"不受监管"的市场将通过所谓的"看不见的手"的供需调节机制解决大多数经济和社会问题。尽管大多数经济学家都注意到了市场功能的一些障碍，如寡头控制、腐败、男权统治、缺乏透明度，以及日益扩大的贫富差距，但政府监管似乎是他们最担心的问题。他们对大多数弊病的解决方法是减少政府监管，加快经济增长。主流经济学家认为，不断增长的经济将创造更好的教育和职业条件，这将使中产阶级有能力对抗寡头、打击腐败、掌控自己的命运、限制污染、降低出生率并提高所有人的生活质量。这种乐观的设想是建立在忽视地球的极限之上的，经济记者大卫·皮林（David Pilling 2018）将其称为"增长错觉"。这种危险而错误的观点加剧了地球系统的不稳定性。

当然，经济学家清楚，特定的自然资源可能会枯竭或变得十分昂贵，但大多数经济学家相信，通过市场定价和技术创新，总能够找到替代品。按照他们的观点，如果总能找到替代品，那么自然资源就永远不会枯竭。因此，无须将自然资源纳入到经济核算中。经济学家罗伯特·索洛（Robert Solow，1924—）因为 1974

年在《美国经济评论》（*The American Economic Review*）一篇文章中的一句话，而成为这一观点的代表人物。"事实上，没有自然资源，世界也可以生存下去"，联系当时的背景来看这句话并不奇怪。索洛在全文中写道：

　　如你所料，可替代的程度也是一个关键因素。如果可以用其他因素轻易地代替自然资源，那么大体上就没有"问题"。事实上，没有自然资源，世界也可以生存下去，所以资源耗尽只是一个事件，而不是一场灾难……除非，单位资源的实际产出被有效地限制住了，无法超过生产力的某个上限，而且与我们现在的水平相差不远，那么灾难是不可避免的（Solow 1974，p. 11）。

　　在直面有限资源带来的可怕灾难之前，索洛笔锋一转，得出了令人安心的结论："幸运的是，少量证据表明，可耗尽资源与可更新或可再生资源之间有很强的可替代性。这是一个经验问题，需要付出比目前更多的努力"（Solow 1974，p. 11；Bartkowski 2014）。在过去半个世纪，人类对环境安全进行了实证研究，在很大程度上削弱了索洛观点中普遍乐观的见解。
　　对地球系统中复杂交换和反馈机制的日益成熟的理解（虽然还不够充分）告诉我们，在某些领域，我们已经达到了极限，甚至可能已经越过了某些阈值。例如，在许多领域，"单位实际产出"的比率已经下降，这意味着生产同一产品必须使用比以前更多的能源和材料。在美国，石油开采的能源投资回报（EROI）大幅下降。1919 年，石油开采的单位能源投资回报比为 1000∶1；21 世纪的前 10 年，投资回报比为 5∶1（Ketcham 2017）。随着资源发现和开采难度的提升，开采能源投入越来越多，投资与回报比急剧上升。另一个资源迅速枯竭的例子是稀土元素，它们对科技减排产品至关重要，如混合动力汽车、风力涡轮机和太阳能电池，以及手机、平板电脑、笔记本电脑和电视等产品。但是这些矿物难以开采，储量稀少，难以替代。现在，人类用巨额代价在深海火山喷发口和海底开采稀有矿产（Cho 2012），对地下水环境造成了相当大的破坏。
　　另外，对于许多产品而言，投资回报比增加了，资源利用效率也提高了。记者罗布·迪茨（Rob Dietz）和经济学家丹·奥尼尔（Dan O'Neill 2013，p. 37）表示，在 1980～2007 年，"全球经济的材料密集度（即生产 1 美元 GDP 所需的生物量、矿物和化石燃料的数量）总体下降了 33%"。但是，正如他们所指出的那样，"在同时期，全球 GDP 增长了 141%，资源使用总量也增加了 61%"（Dietz and O'Neill 2013，p. 37）。当效率提高，技术改进，使用的材料更少时，产品会变得更便宜，从而带来更多的消费，这种现象被称为"杰文斯悖论"，以提出该悖论的英国经济学家威廉·斯坦利·杰文斯（William Stanley Jevons，1835—1882）命名。效率也释放了资本，用于进一步投资和进一步增长，推动"大加速"以更快的速度发展。

如果我们将目光从特定的经济体移开，放眼整个星球，那么地球的有限性就更加明显了。2015 年，《科学》（Science）杂志上的一篇文章宣称，被定义为"人类活动安全运作的空间"的九个地球限域中，有四个已经被突破，包括：生物地球化学循环（主要是氮和磷）、生物圈的完整性、土地系统和气候（Steffen et al. 2015b）。根据这些发现可知，地球已经超出了可持续发展的水平。哈佛经济学家斯蒂芬·A. 马格林（Stephen A. Marglin）提出警告："我们正生活在危险地带"（Marglin 2013，p. 150）。

7.1.1　主流经济学和政治学：将市场、社会与自然分离

经济学又被称为"沉闷科学"（Carlyle 1849），其经济信条是无限增长，无视现实世界的条件，使经济学与人类世的出现之间建立了一定联系。总的来说，它忽略了索洛认为的缺失的地球系统数据和物理限制，但现在已经有了这些数据。主流经济学家对自然、时间和证据的假设使他们对人类世视而不见，对这些因素的每一个误解都值得被仔细研究。

首先，自然被视为一种"外部物质"，在计算经济活动时无须加以考虑。它们既包括自然资源的"输入"，如淡水、可呼吸的空气和臭氧层，又包括废物的"输出"，包括 CO_2、氮、磷、毒素和塑料，塑料每年生产量超 3 亿 t，并且仍在增加（Plastic Oceans International 2019）。废物还包括未经处理的人类及农场动物排泄物，全世界约有 90%的污水未经处理就被排入水体。对于主流经济学家来说，自然资源和废物都是市场之外的东西，因此无关紧要。这种观点认为地球既是一个永不枯竭的丰饶之地，又是一个深不可测的排污坑，能够容纳所有我们想要丢弃的物质。很久之前，政治经济学的创始人之一简-巴普蒂斯特（Jean-Baptiste，1767—1832）就提出了这一观点，他说"自然资源是取之不尽的，因为如果不是这样，我们就不能免费获得它们"（Bonaiuti 2014，p. 18）。此后，这种对待自然的方法在很大程度上占据了主导地位。

其次，主流经济学家对时间的看法是，时间会平稳地流向未来，不会中断。如果市场力量被允许自由发挥作用，这一平稳的时间潮流将产生越来越多的财富，从而使所有东西在未来几年变得相对便宜。这种计算未来成本预期下降的方法被称为"贴现"。贴现反对现在就采取行动减轻环境危害、保护资源或停止污染，因为所有这些事情在未来做都会便宜很多，现在的增长会解决以后的问题。随着时间的推移，经济平稳增长的想法根植于新古典经济学，英国经济学家威尔弗雷德·贝克尔曼（Wilfred Beckerman，1925—）声称，这一理念在公元前 5 世纪"自伯里克利时代就已经产生了"，在罗马帝国的崩溃和黑死病时期，对经济下降置之不理，是因为预料到欧洲最终会复兴。丝绸之路沿线和马里曾繁荣一时，但后来

经济逐渐衰退，再也没有恢复过来，如今已从人们的视野中消失。贝克尔曼仅以当前的成功案例为例宣称"没有理由认为经济增长不能再持续 2500 年"（Higgs 2014，p. 18）。

不管怎样，如果管理得当，全新世的地球系统是否可以无限增长，当下仍是一个有争议的问题。我们生活的地球正与那些可预测条件渐行渐远，时间的流动性已被人类世打乱。正如 2016 年克莱夫·汉密尔顿（Clive Hamilton）所说，地球系统的这种"破裂"给我们带来了麻烦，使我们无法依靠贴现自动降低未来的成本。

最终，在评估经济、人和社会发展程度时，指标是人们唯一信赖的证据，可量化数据是经济学的黄金标准。这些标准被提升到人文主义判断之上作为各行各业政策和规划的基础时，已经模糊了我们对自然过程和人类价值的理解（O'Neil 2016；Muller 2018）。这种计量思维的典型例子就是把 GDP 作为衡量进步的主要标准，但 GDP 只考虑市场上交换的商品和服务。GDP 并不考虑健康、幸福和社区关系等人类福祉，因为这些复杂现象难以量化（但我们正在朝这个方向努力）。诸如，在邻居的花园里帮忙、做一顿饭、为退休晚会写一首小曲、照顾心爱的人、欣赏美丽的风景等这些活动都不能被计量，因为这些活动不是买卖，它们不被计算在 GDP 中。正如简-巴普蒂斯特所说，加强社区凝聚力和促进个人健康的行为可以被认为是免费的、没有价值的。

有时，出于保险或债务评估的原因，会在非经济学家看来无法量化的东西后面附加美元金额。如在一个单子中，用 2 美元计算一个 11 岁孩子的生命价值（Zelizer 2007），这对新古典主义经济学家来说似乎是合理的，他在评估这个孩子的损失时，纯粹用货币术语来定义"价值"。在无法确定货币价值的情况下，证据通常会被忽略。基于这些案例，经济学家约翰·梅纳德·凯恩斯（John Maynard Keynes，1883—1946）和传记作者罗伯特·斯基德尔基（Robert Skidelsky 2009）认为，依赖数学计算而非历史是主流经济学家无法将其思维与现实世界联系起来的根源。

总而言之，主流经济学认为"经济"与环境是可分离的，其不承认增长轨迹的中断，并对指标深信不疑，这限制了他们对非量化、非货币性价值的把握。鉴于这些关于自然、时间和统计数据的假想，地球系统所遭遇的新的变化并没有被这类经济学及其所支持的政治体系所重视，也就不足为奇了。人类世从根本上破坏了传统的经济模式，其将经济系统和地球系统结合起来，揭示出地球系统的连续性存在中断（或出现了异常快速的转变），并提出超越度量标准的价值问题。正如生态经济学家（Peter Söderbaum 2000，p. xii）所指出的：新古典主义模型在某些情况下是有用的，但它的分析工具范围狭窄，对于我们现在居住的这个日益动荡和不稳定的星球来说，是一个糟糕的指南。

如果经济学研究是一门晦涩难懂的学科，与我们的管理假设没有太大关系，那么新古典主义经济学的前提就无关紧要了。但是，正如牛津大学经济学家凯特·雷沃斯（Kate Raworth）所观察到的，"经济学是公共政策的母语，是公共生活的语言，也是塑造社会的思维方式"（Raworth 2017，p. 5）。这种语言流行已久，以至于人们有时很难察觉，它只出现在与强大的机构和阶级利益结盟时，而不是对事物自然运行方式做出中立性描述。正如经济学家史蒂芬·马格林（Stephen Marglin 2017）所言，"主流经济学是现代文化的奴仆，其设想是现代性的前提"，现代性的一个中心信条是"我们生活在一个没有限制的世界里"。传统经济学对我们评估人类社会潜在威胁的方式以及我们在应对威胁时的想象力有很大的包容性。经济学作为一种思考世界的方式具有强大的力量，但也许正因如此，这门学科很少涉及多元主义、自我反省，也很少涉及为应对人类世而做出很大努力的多学科研究。经济学家通常在他们的出版物中只提及彼此，而忽视了其他学科（Fourcade et al. 2015）。在如此壁垒森严的知识边界下，主流经济学很少审视其无限可持续增长观点的假象。然而，随着环境问题越来越复杂，各行业的经济增长都受到了限制，对传统观念的挑战也随即开始了。

7.1.2　挑战无限增长的信念

最初，对战后经济无限增长信条提出挑战的是菲亚特公司（Fiat，Fabbrica Italiana Automobile Torine）一位忧心忡忡的高管，奥莱里欧·佩切伊（Aurelio Peccei，1908—1984）。1967 年，他在阿迪拉投资公司（the Adela Investment Company）发表演讲，表达了自己对全球环境和社会经济衰退的担忧。演讲稿落在了苏格兰环境科学家兼公务员亚历山大·金（Alexander King，1909—2007）的办公桌上，这篇演讲稿令他印象深刻，1968 年，他与佩切伊联手成立了罗马俱乐部。起初，罗马俱乐部是科学家、经济学家和实业家热切讨论世界问题的非正式聚会场所，但他们很快意识到自己缺乏有关全球发展趋势的基本信息。直觉告诉他们，在一个有限的星球上经济不可能无限增长，但他们需要证据。在大众汽车（Volkswagen）的资助下，他们找到了 29 岁的系统动力学教授丹尼斯·梅多斯（Dennis Meadows）及其在麻省理工学院（Massachusetts Institute of Technology，MIT）的系统分析团队，并请求他们对环境、社会和经济轨迹做预测。早期的预测只是想窥视一下水晶球而已，但该团队在麻省理工学院巨大的主机上设计了 World3 计算机程序，耗时两年将数据输入电脑。他们先整理了 1900～1970 年全球经济的增长趋势，之后利用这些数据模拟了到公元 2100 年的 12 幅全球未来发展图，每幅图都聚焦于连接工业、农业、人口、自然资源和废物回收能力的复杂反馈。结果表明，地球的极限将迫使经济在 21 世纪的某个时候停止增长。他们预测，如果增长趋势持续下去，"最有可能出现的结果是人口和工业生产力突然不可控制地下降"（Meadows et al. 1972，p. 23）。该研究于 1972 年以《增长的极限》

（*The Limits to Growth*）为名发表，后被翻译成大约 30 种语言畅销多国。

当时，研究团队成员都乐观地认为，预测到的危险情况还有 50 年才会出现。他们指出："即使在最悲观的情景下，物质生活水平在 2015 年之前也会一直提高"（Meadows et al. 2004, p. xi）。麻省理工学院研究团队相信，人类如果有足够的知识和财富去重新定位经济和社会发展方向，持续增长趋势就会结束，生态和经济将稳定下来。在 1972 年，"设计一个全球均衡的状态，使地球上每个人的基本物质需求得以满足，每个人都有实现个人潜力的平等机会"，看起来似乎很有可能了（Meadows et al. 1972, p. 24）。然而，人们对《增长的极限》的攻击、新古典经济学在政策界的霸权、大加速时代中展示的所有增长趋势（包括人口增长），都阻止了重新定位经济和社会的可能，这一美好愿景被打破了。

全球生态平衡的观点对无限增长信条而言是一个诅咒。来自智库、政府和大学的经济增长捍卫者在书籍、报纸及《经济学人》（*The Economist*）、《福布斯》（*Forbes*）和《外交事务》（*Foreign Affairs*）等杂志上猛烈抨击这一概念。曾担任约翰·F. 肯尼迪（John F. Kennedy）的顾问，在麻省理工学院和哈佛大学高级研究所任职的经济学家卡尔·凯森（Carl Kaysen, 1920—2010）宣布，地球上可用的"能源和物质"可以支持 3.5 万亿人以美国生活标准生活（Higgs 2014, p. 59）。经济学家赫尔曼·卡恩（Herman Kahn）则更保守，认为"保守估计，以当前和接近当前的技术，可以维持全球 150 亿人以人均 2 万美元的生活水平生活一千年"（Meadows et al. 2004）。与此同时，贝克尔曼认为《增长的极限》是"厚颜无耻的无稽之谈"（Ketcham 2017）。

这些对《增长的极限》研究结果可靠性的质疑混淆了公众的认知，导致许多人对书中的预测不以为然，但计算结果后来被证明确实是可靠的。2014 年，来自澳大利亚墨尔本大学墨尔本可持续发展社会研究所的格雷姆·特纳（Graham Turner）发现，《增长的极限》于 1972 年描绘的图景与当前经济增长轨迹非常接近；2016 年，萨里大学（University of Surrey）研究可持续发展研究团队的蒂姆·杰克逊（Tim Jackson）教授的研究结果也同样如此。历史学家克林·希格斯（Kerryn Higgs）指出，对于新古典主义经济学家和采纳他们建议的政策制定者来说，已被证实的经济增长的有限性是一个"被严重忽视的事实"（Higgs 2014, p. 282）。

自 20 世纪 70 年代以来，科学一直被其他两个领域攻击，这对"增长的极限"和相关研究的声誉并没起到助力。首先，商界和政界人士都声称，在根本不存在科学分歧的地方其实存在着广泛的科学分歧。这一策略先是针对禁烟运动，然后是针对气候变化科学，现在又针对日益增长的人们对"人类世"的共识。人类世工作组成员、科学史学家内奥米·奥雷斯克斯（Naomi Oreskes）在揭露这些公司策略背后的网络方面发挥了重要作用。但这些情况也使得在达成科学共识后的很长一段时间内，公众仍然认为这些问题还在争论中（Oreskes 2004, p. 1688; Oreskes and Conway 2010；Oreskes 2019)。

对科学的第二个攻击来自大学内部，因为科学并不能纯粹代表事实。20 世纪 80 年代，出现了一种被称为科学技术研究（science and technology studies，STS）的方法，强调科学实践即社会实践。这些学者认为，科学证据和概念并不能直接反映事实，最好将其理解为是建构社会的工具，而构建社会的知识得益于制度、语言、社会和文化网络。许多人认为科学技术研究并不比其他任何主张更能把握事实。一些人则强调，科学家并不是可以与真理接触的神，只是小领域的运作者，这一运动的领军人物——布鲁诺·拉图尔（Bruno Latour）出版了影响深远的《科学在行动》（*Science in Action*，1987）一书，但他现在回想起来有些懊悔。2017 年，他解释道，"我当然不是反科学，尽管我必须承认，羞辱一下科学家让我感觉很好。我的做法有些幼稚"（de Vrieze 2017）。这些对科学的攻击具有破坏性，商业和政治利益集团、社会建构主义者和新古典经济学家联合在一起，无意中拖延了由罗马俱乐部以及其他对环境恶化恐慌的团体发起的行动。

7.1.3　为有限地球重新规划经济学和政治学

《增长的极限》一书的作者在 1992 年出版和 2004 年修订该书时虽然很悲观，但他们的努力以及全球面临的现实问题促使自然最终被重新纳入了经济学范畴中。环境经济学和生态经济学将"生态系统"和"经济学系统"再次联系了起来。这两个学科的名字相似，一些重要概念也相同，如最先出自生态经济学的"生态系统服务"（Costanza et al. 1997）。不过，它们对人类世有着本质不同的影响。简单来说，环境经济学是将自然视为经济系统的子集，依靠"市场"防止环境被进一步破坏。生态经济学则恰恰相反，它将经济视作自然界的子集，依靠政治上的知情选择和社区投入合理利用日益减少的资源。下面，我们将进一步探讨这一差异。

环境经济学本质上是新古典经济学的一个分支，它们的预设大部分相同。但是环境经济学是通过给物种和生态系统定价，并赋予其货币价值，将自然纳入到市场运作中。一旦确定了环境价值，就会确保市场以适当的方式分配"生态系统服务"。例如，如果给出正确的价格信号，当金枪鱼和大比目鱼等物种濒临灭绝时，人类会停止捕捞活动；当水的供应受到威胁时，人类将停止水力压裂。环境经济学家称，如果增加成本或提高税收，提高资源消耗和污染的代价，技术创新者就会采取措施，寻找不消耗或不污染濒危资源的解决方案。这样，市场就会刺激"绿色增长"或"可持续发展"。经济学家杰弗里·萨克斯（Jeffrey Sachs 2015）将"可持续发展"称为"我们这个时代的核心概念"，可持续发展使我们在不破坏环境的情况下继续扩大经济，同时解决全球贫困问题，确保代际正义。环境经济学取得了巨大成功，科学技术研究学者莎伦·贝德尔（Sharon Beder）指出，环境经济学

"目前已体现在世界各地政府的政策中,包括扩展的成本效益分析、条件价值评估、环境收费和排污权交易的应用"(Beder 2011,p. 146)。

而生态经济学一直远离传统范畴,无法得到主流经济学家或政策制定者的强有力拥护。其最初是一个将经济学和生态学相结合的跨学科举措,后来又与行为心理学、人类学、社会学和其他一些领域相结合。罗伯特·科斯坦萨(Robert Costanza)等生态经济学家认为"地球上的物质是有限的、不会增长的",经济"是这个有限的全球系统的一个子集"(Beder 2011,p. 146),这与环境经济学家的观点不同。换句话说,生态经济学家把地球的边界看作是真实的边界,边界之外存在着未知且不可预测的不利于人类社会的条件。从长远来看,"可持续发展"和"绿色增长"是矛盾的。生态经济学家呼吁我们从"经济稳态"和"去增长"等角度思考问题,在 GDP 之外考虑价值。因为"生态系统服务"是从生态经济学沿用到环境经济学的概念,所以两个学科有时会被混淆,但其实两者之间存在很大差别。

7.2　环境经济学:在不改变政治的情况下把自然放到市场

2000 年,联合国秘书长安南(Annan)宣布启动联合国"千年生态系统评估"(Millennium Ecosystem Assessment,MA)。这项耗资 2400 万美元的项目,目的是计算世界各地生态系统受到的损害,并提出保护它们的办法。2001~2005 年,来自 95 个国家的 1360 名专家专注于评估土地利用、珊瑚礁、水、氮、CO_2、陆地生物群落、人口增长等一系列因素变化,得出了一个可怕的结论,即"20 世纪下半叶以来,全球生态系统的变化速度比人类历史上任何时期都要快"(Millennium Ecosystem Assessment 2005,p. 2)。有人可能会问:"可怕是对谁而言"的? 千年生态系统评估的回答是:对人类而言。虽然报告中提到了物种和生态系统的内在价值,但人类需求才是其价值计算的核心。报告长达 155 页,包含五卷的综合研究,它表明,"生态系统服务是指人们从生态系统中获得的利益,包括食物、水、木材和纤维等供给服务;影响气候、洪水、疾病、废弃物和水质等的调节服务;提供娱乐、审美和精神利益等的文化服务;以及土壤形成、光合作用和养分循环等支持性服务"(Millennium Ecosystem Assessment 2005a,p. v)。千年生态系统评估通过计算这些生态系统服务得出结论,"人类活动正在消耗地球自然资本,给环境带来了巨大压力,不能再理所当然地认为地球生态系统具备维持子孙后代生存的能力了"(Millennium Ecosystem Assessment 2005b)。2000 年是至关重要的一年,保罗·克鲁岑即兴提出了"人类世";约翰·麦克尼尔在全球史的结尾提出了"太阳底下的新鲜事";联合国启动了这项全球生态系统转型研究。

千年生态系统评估虽然在全球性覆盖方面是开创性的,但并不是运用生态系统服务法所做的首次或最后一次努力。生态系统服务法的研究历史可以追溯到第二次世界大战后的北美大学，它是资源经济学的一个分支学科，为渔业、林业和农业创建可以开发自然资源但又不会使之耗竭的方法。20 世纪 60 年代发生的一起毁灭性污染危机加速了人们对限制工业环境破坏的渴望。起初，政府起了带头作用。以日本为例，政府为应对包括臭名昭著的水俣市甲基汞中毒事件在内的四大污染事件，于 1970 年颁布了《水污染控制法》。同年，美国总统理查德·尼克松（Richard Nixon）发布行政命令，成立了环境保护署。

20 世纪 80 年代以来，随着"市场原教旨主义"的兴起，许多国家的政府作用被削弱了。为了提高其他经济学家对自然资源的关注，科斯坦萨（Costanza）、赫尔曼·戴利（Herman Daly）等于 20 世纪 90 年代提出了"生态系统服务"（ecosystem services）（Costanza and Daly 1992；Jansson et al. 1994；Costanza et al. 1997；Prugh et al. 1999）。其源于对主流经济学的批判，是建立在 E. F. 舒马赫（E. F. Schumacher 1997）早期提出的"自然资本"之上的概念，并被生态经济学家理查德·诺尔加德（Richard Norgaard 2010）称为是"令人大开眼界的比喻"。"自然资本"的本意是引起人们关注被市场忽视的自然边界，然而"生态系统服务"的概念却演变成了：市场至少可以像政府政策和环保法一样保护环境，甚至可以更好。环境经济学的拥护者忽视了"自然资本"可能枯竭这一基本观点（Norgaard 2010），修正后的"生态系统服务"建议通过定价机制保护环境，这样就不会动摇对经济无限增长的信念，以及其对社会的美好承诺。政治现状可以保持不变，无需通过政府行为重新分配或保护资源。

以这种方式理解，环境经济学很容易就吸纳了"生态系统服务"，成了打开三方共赢局面的范例。那三方共赢局面是怎么实现的呢？其倡导者，经济学家杰弗里·萨克斯（Jeffrey Sachs）提到了"脱钩"，即通过巧妙的新技术与市场力量相结合，"经济继续增长的同时，减少对重要资源（水、空气、土地、其他物种的栖息地）和污染的压力"（Sachs 2015，p. 217）。技术创新将帮助经济"去物质化"，供养越来越多的人口，且不会导致生态系统崩溃或子孙后代贫困。

萨克斯等环境经济学家最喜欢举的例子是用风能和太阳能取代化石燃料，他们认为这些举措可以解决气候变化问题。也就是说，对技术和市场体系持乐观态度的人将我们的复杂困境简单归结为气候变化问题。更为狭隘的是，他们往往只关注化石燃料产生的 CO_2 的增长速率，而不考虑其他温室气体，更不会考虑到影响地球系统的其他因素。但是，气候变化只是人类世复杂难题的一方面，不同时空尺度上的生态影响远比这些提倡新技术的人愿意承认的影响要复杂得多。鉴于地球系统的复杂性和人类世的不可预测性，技术及市场方案的真正"价值"无法被衡量。

例如，风力发电看似是一种解决方案，可以产生无碳、"去物质化"的能源，但只有在仅计算涡轮机运转的排放量、忽略生产、维护和折旧等其他方面时才有效，也只有这样才称得上保罗·克鲁格曼（Paul Krugman 2013）所说的，风力发电是"非排放源"之一。如果没有对全部成本（经济、环境和社会成本）进行系统评估，就不清楚自然资源和经济是否已经"脱钩"，甚至不清楚 CO_2 排放量是否已经减少。将我们所处的困境简单归结为气候变化问题，再将此归结为 CO_2 排放问题，最后在能源生产点上测量排放量，是不恰当的。这种简化是基于三方面的假设之上的：我们充分了解地球的运作方式；自然资本和人力资本可以互换；工业产品可以替代自然资源。迄今为止，如果将上述所有因素考虑在内，几乎没有任何证据表明有明显的"脱钩"现象出现。尽管推广风能和太阳能是个好主意，但这些技术也有些缺点。如何权衡这些技术给各个群体带来的成本与收益，是政治层面的事，而非技术专家的事。

为生态系统服务定价的难点

我们是否充分了解生态系统服务，足以为其确定货币价值？答案似乎是否定的。我们对这类计算所需的基本事实掌握得还远远不够。以地球上的物种数量这个看似简单的问题为例，已被发现并命名的物种大约有 140 万种，但是"总数到底是多少，各种估算从 200 万到 1 亿不等，差距悬殊"（Goulson 2013，p. 44）。2011 年的一项研究"预测全球约有 870 万（±130 万）种真核生物"，并提出"陆地上现存的近 86% 的物种和 91% 的海洋物种还未被记录"（Mora et al. 2011）。如果没有这些基本信息，为全新世的特殊物种服务定价是一项挑战。现今，在人类世前所未有的生物地球化学循环作用下，生物多样性正遭受威胁，生态系统在迅速变化，所以，任何特殊物种或所有物种的服务价值都无法确定。

保护生物多样性虽然很重要，但并不是唯一的问题。生物学家不仅谈论物种多样性，也谈论物种差异。差异是衡量自然界生物体可利用程度的标准，例如，所有昆虫的身体结构都一样，它们之间包含丰富的物种多样性，而昆虫和有爪动物的身体结构是不同的。目前地球上有 100 多万种昆虫，而有爪动物仅有 200 种。损失 200 种物种对昆虫来说是巨大的损失，但从生物进化的角度看，对有爪动物来说更是灾难，整个动物门类将永远消失（见第 5 章），这种损失是"市场"经济学家或科学家无法估算的。由于人类世的地球系统有多个不可预测的临界点和不可预见的相互作用，我们对大多数生态系统服务是无法精准定价的。

当采用环境经济学语言，并建立在经济学语言的概念和研究之上时，千年生态系统评估提到了一些警示性的观察结果，反复提到"知识缺口"和"非线性过程"，比如疾病的突然出现（如 2020 年的新型冠状病毒危机）、水质的突然改变、沿海"死亡区域"的形成、渔业的崩溃及区域气候变化。评估还表示，在这不可预测的地球上，GDP 并不是确保社会繁荣的唯一指标。评估明确指出，"人类福祉不仅取决于生态系统服务，还依赖于社会资本、技术和制度的供给。这些因素调节着生态系统服务与人类福祉之间的关系，但调节方式我们并不了解"（Millennium Ecosystem Assessment 2005a，p. 49）。这句话意味着，傲慢无知是危险的，我们现今对地球系统的无知会挫伤我们想通过市场定价解决问题的信心。

环境经济学的第二个特点是，认为自然的"产品"可以与人类制造的产品互换。自然和人类工业提供的"服务"都可被视为资本的形式，因此可以在市场上进行交换，只要资本总量不变即可。按照这种逻辑，1973 年，一位数学家提出了一个合理的看法："尽快杀尽海洋中留下的蓝鲸吧，然后把利润转投到增长型产业，而不是等该物种恢复到可以维系年捕获量的水平"（Beder 2011，p. 142）。早在 20 世纪 70 年代初，通过捕杀鲸鱼数所计算的财富值，与当时可以获知的信息，是相吻合的。然而，最近地球系统科学的研究显示，鲸鱼的价值远远超过了鲸脂的价值，在碳吸收方面发挥着三重作用：粪便可以为那些耗碳产氧的浮游植物提供养分；迁徙运动会扰动海洋中的营养物质，从而为海底生物提供营养；身体本身可以贮存碳。当鲸鱼死后，平均每 40 t 尸体会有 2 t 沉入海底（Subramanian 2017）。这意味着，鲸鱼的自然资本价值远比 20 世纪 70 年代人们所意识到的要大得多。如果我们早点按照环境经济学的要求行事，就会浪费掉一项宝贵的资产，在现在市场经济中更穷。简言之，即使把 GDP 增长视为一个重要指标，我们也没有足够的认知可以把自然和人类的产品及服务视作资本的等价形式。

最后，市场无法评估那些没有替代品、没有交换价值的服务。我们不能指望把 O_2 交换成其他东西后，还能活下去。无论我们银行里有多少存款，也不能没有水。这些不可替代的服务还包括，海洋浮游植物的气候调节功能、热带森林的水域保护功能、湿地的污染净化和养分捕获功能等（Beder 2011，p. 143）。由于这些环境资产没有替代品，没有交换价值，所以也不可能有市场。如果这些自然利益没有市场，那么环境经济学的前提条件就瓦解了。调整新古典主义经济学，将自然纳入市场计算之中，还不足以应对人类世的挑战。千年生态系统评估报告承认，我们目前的系统无法胜任这项任务："在某些情况下，扭转生态系统退化的同时可以满足日益增长的服务需求""将牵扯到一些尚未开展过的重大政策、制度和实践方面的改革"（Millennium Ecosystem Assessment 2005b）。即使部分实现了，也要求彻底改造一成不变的商业模式。

新古典主义认为，自然资源是无限的，没有价值，因此不属于经济学家的研究范畴。毫无疑问，环境经济学相对于简-巴普蒂斯特（Jean-Baptiste）和罗伯特·索洛（Robert Solow）信奉的新古典主义来说，是一种进步。如果赋予自然资源和废物坑市场价值，不管有多么投机，至少可以让经济学家注意到它们，而且让一些从事经济学的工作人员对人类世的各个方面，特别是气候变化方面，提出有用的建议。这些建议包括在全面完整的评估基础上，收取碳中和税、总量管制与排放交易计划，或是两者的结合，最终可能会减少 CO_2 排放量。基于此方面的工作，环境经济学家威廉·诺德豪斯（William Nordhaus，1941—）于 2018 年获得了诺贝尔经济学奖。截至 2018 年 7 月，中国将碳排放定价体系扩大到全国范围时，全球四分之一的碳排放都在一定水平上被定价了。总共有 40 个国家参与这类计划。然而，据我们所知，气候变化只是地球系统转变的一个方面。而其他方面不易被市场或技术问题解决，较少得到经济学家们的关注，如土地利用变化、生物群落崩溃、人口增长、水资源短缺和氮超载等。最重要的是，环境经济学家没有意识到增长的行星极限，试图利用市场力量来改变我们对环境的影响，但只是在不改变系统的情况下进行了微调而已。因此，在我们真正系统性变革之前，这些建议只能是一种过渡方式。自 2000 年以来，千年生态系统评估就呼吁"在政策、制度和实践方面做出重大改变"，但收效甚微。

7.3　生态经济学：将市场置于自然和政治之下

经济学方法分类中的第三类生态经济学家，他们将市场置于生态限制之下，并假定资源使用和分配由政治决定，而不是技术决定。几十年来，他们一直呼吁系统性变革，使政治和经济与环境限制相结合，而今他们考虑直接解决人类世问题。最近的相关研究包括加拿大的彼得·布朗（Peter G. Brown）和彼得·蒂默曼（Peter Timmerman）所著的《人类世的生态经济学》（*Ecological Economics for the Anthropocene*，2015），以及秘鲁经济学家阿道夫·菲格罗亚（Adolfo Figueroa）所著的《人类世的经济学》（*Economics in the Anthropocene Age*，2017）。生态经济学家认为，环境经济学家在解决人类世的复杂性方面做得还远远不够。理查德·诺尔加德（Richard Norgaard）将这一观点概括为，"我们正处于一场全球生态经济危机之中，这场危机正通过由我们经济导向所致的气候变化、生态系统退化和物种减少威胁着人类福祉。为应对这一危机，经济的边缘性调整是远远不够的"（Norgaard 2010，p. 1223）。新的政治和经济体系是不可或缺的。

设想这些新体系是非常困难的。增长密集型经济和政治体系改变的不仅是环境，也改变了我们的思维方式。斯蒂芬·马格林（Stephen Marglin）观察到，"市场塑造了我们的价值观、信念和思维方式，这反过来也是促进市场成功的重要推手"（Marglin 2013，p. 153）。科斯坦萨等（Costanza et al. 2007）指出，"我们的价值观、知识和社会组织是伴随着碳氢化合物化石的使用而进化的"，还说到，这种能量体系"选择了个人主义和唯物主义价值观；以牺牲系统思想为代价支持还原主义思想；偏爱官僚、集中的形式，这种控制形式更适合稳态工业管理，而不适合多变的、出其不意的动态生态系统管理"。这些与前几章所讨论的观点相呼应。

在这些情况下，"跳出框外"思考需要一些勇气。人类世的黑暗之光将许多现代价值观、思维方式和社会组织黑化为罪魁祸首，这些力量正在破坏社区弹性和环境，而不是我们曾经认为的进步工具。对马格林、科斯坦萨和其他生态经济学家来说，重燃希望的第一步是颠覆一切常规。他们主张经济从属于地球的生物地球物理系统，并非独立于这些系统或其控制力之外。因此，经济活动必须警惕地球的物理条件限制和潜在的临界点，特别是地球系统演化到史无前例的人类世时。从全球到地方，各级都需要做出艰难的政治选择。

多学科协作成果的生态经济学

生态经济学这一领域源自瑞典和美国佛罗里达州不同学科间的一次思维碰撞。1970 年，生态学家安妮玛丽·詹森（AnnMari Jansson，1934—2007，研究波罗的海绿藻生态系统能量流的专家）及其丈夫——海洋生物学家本特-奥弗·詹森（Bengt-Owe Jansson，1931—2007）邀请美国系统生态学家霍华德·奥德姆（Howard T. Odum，1924—2002）前往斯德哥尔摩大学学习。次年，奥德姆邀请詹森一家到佛罗里达大学学习。包括科斯坦萨（Costanza）在内的越来越多的研究生加入了这项合作交流中。他们齐心合力开创了生态系统与人类系统，特别是与经济系统合并的先例。1982 年，詹森夫妇及其合作者在沙丘巴登举办了瓦伦堡研讨会，并邀请了经济学家赫尔曼·戴利（Herman Daly）参加。研讨会的主题是"生态与经济的融合"，由于多学科之间的经验和研究方法不同，彼此可能会有困惑，但友谊让他们彼此融合。1987 年，经济学家霍安·马丁内斯-阿列尔（Joan Martinez-Alier，1939— ）在西班牙巴塞罗那举办了一场类似的研讨会。1989 年 2 月，国际生态经济学学会（ISEE）及其出版的《生态经济》（*Ecological Economics*）杂志正式成立了生态经济学这一领域。截至 20 世纪 90 年代，欧洲、美洲多国以及新西兰和澳大利亚都出现了投身于生态经济学的组织。

7.4　生态经济学的建议

那么，生态经济学家的建议是什么？作为一个融合了自然科学和社会科学的多元多学科领域，生态经济学家的观点并不相同。新古典主义和环境经济学家往往对谁和他们站同一队列、哪个大学院系是最好的、哪种分析形式是可信的，以及政府杠杆是如何为他们服务等问题有明确的答案，而生态经济学是一个相对松散的群体，他们来自多个部门和公共岗位。值得注意的是，与新古典主义或环境经济学领域相比，生态经济学领域有大量女性工作者。

知识背景多源性、制度灵活性以及性别多样化催生了很多想法。第一代生态经济学家提出的建议有戴利（Daly 1973，1977）的"稳态经济学"、舒马赫（Schumacher 1973）的"小即是美"、高兹（Gorz 1980）的"生态即政治"。其他一些重要观点包括：范达娜·席娃（Vandana Shiva 2008）的"要土地不要石油"；福冈正信（Masanobu Fukuoka 1978）的"一根稻草的革命"，创造了以非化石燃料为基础的农业；朱莉·舍尔（Juliet Schor 2010）的"真正的财富"，主张一种"时间富余、生态轻盈、小规模、高回报"的经济；蒂姆·杰克逊（Tim Jackson 2009）的"没有增长的繁荣"；马丁内斯-阿列尔（Martinez-Alier 2002）和塞奇拉图什（Serge Latouche 2012）的去增长范式；奥尼尔（O'Neill）的"够了就是够了"（Dietz and O'Neill 2013）；山村耕造（Kozo Yamamura 2018）的"太多物品"；以及凯特·雷沃斯（Kate Raworth 2017）的"绿色甜甜圈"模型，在该模型中，社会福祉的边界被安全、可持续的社会地球边界包围。

市场机制和指标度量往往是生态经济学家研究的目标。斯蒂芬·马格林（Marglin 2010）认为，欣欣向荣的社区有利于人类健康和生态系统健康，但其目前正在遭受市场机制的影响。他进一步提出，富裕的国家可能需要降低一些生活水平，好让贫穷国家得以解决温饱。舍尔同样强调了，繁荣、平等的群体对维持功能性生态的重要性。她摒弃"富足"，与只关注市场交易的 GDP 对立（Schor 1998，2010）。为了取代 GDP 作为标准指标，出现了一些新的衡量繁荣的指标，如可持续经济福利指数（ISEW）、真实发展指数（GPI）、人类发展指数（HDI）和快乐星球指数（HPI）。理想的新经济名称包括"公平的持续性"（Agyeman 2013），以及"绿色经济、生态经济、可持续经济、稳定状态、动态平衡、生物物理经济"（Dietz and O'Neill 2013, p. 45）等。

除去这些多样化，生态经济学有三个共同的特性。第一，假定自然系统是有限的。承载的东西（如氮、CO_2、猪粪、塑料乐高积木）太多会使局地或整个生态系统扭曲变形，将地球系统推入另一个状态。这一原则使得生态经济学和地球系统科学相兼容。第二，用幸福目标取代过时的增长目标。因为地球不能支撑人类无限增长的资源和排污需求，而且有研究表明，当超过一定限度时，不断提高的增长率并不会让人更幸福快乐，理性的选择应是以健康可持续发展为目标，而不是以用市场交易 GDP 衡量的"生产力"为目标。第三，社会越平等，人民越幸福；社会越平等，对自然环境的破坏越小。这意味国家内部和国家之间的平等是大多数生态经济学家的主要经济和政治目标（Wilkinson and Pickett 2009）。生态学家主张，与其依赖经济增长和市场来救助穷人，不如积极调整经济和政治体制，让每个人都能公平地分享地球。

这个"公平分享地球"的概念在北方世界和南方世界是不同的。一方面，丰衣足食的北方世界将注意力转向共建繁荣、消除内部贫困、限制富人消费；另一方面，南方世界需要新的发展方式为该地区庞大的人群提供足够的食物、住所和工作，但不是复制北方世界破坏环境的发展模式。生态极限、幸福目标和更多公平这三个原则大体上定义了生态经济学在建立新的经济和政治体系时的方法。

平等与环境保护

在过去 40 年，将社会稳定、相对平等和生态可持续性联系起来的证据不断增加。1980 年，德国前总理维利·勃兰特（German Chancellor Willy Brandt，1913—1992）领导了负责《勃兰特报告》（*Brandt Report*）的国际委员会，也因此得绰号"勃兰特报告"。该报告回应了 20 世纪 70 年代出现的三个问题：美国于 1971 年退出金本位制时，布雷顿森林体系崩溃后的经济不稳定性；尽管有国际援助项目，但全球不平等现象仍在加剧；20 世纪六七十年代的污染案件、《增长的极限》和地球日，唤醒了人们对环境关注度的日益提高。《勃兰特报告》的官方名称是《南北世界：一项生存计划》（*North-South：A Programme for Survival*）。"北方"是富裕国家的代称，包括美国、加拿大、欧洲、日本和其他亚洲发达国家，以及澳大利亚和新西兰。当时七国集团（G7）的所有成员国都来自北方世界，联合国安理会的 5 个常任理事国中有 4 个也来自北方世界，按照当时的算法，中国是唯一一个非北方世界的国家。"南方"指的是其他所有国家，拥有世界上四分之三的人口，也是世界上相对贫困的国家。《勃兰特报告》之所以引人注目，是因为它使政治和经济稳定、社会公平和生态可持续发展之间密不可分。

世界各国彼此之间相互联系无法分割，因此，在这三个事件发生时，全球都遭殃了。该报告称，造成这种损失的原因是北方世界主导了"国际经济体系、规章制度，以及国际贸易、货币和金融机构"。在制造不平等的过程中，北方世界不仅伤害了南方世界，也伤害了自己，这种不平等的制度造成各地自然资源退化。环境破坏主要是由"工业经济的增长"造成的，但是主要发生在南方世界的人口扩增也难辞其咎。只有通过"对大气圈和其他全球公用物资的国际管理"，才能避免不可逆转的生态破坏（Share the World's Resources 2006）。简而言之，《勃兰特报告》建议采取大胆的政治行动重构全球经济，以实现稳定、公平和环保。相比我们现在付出的代价，1980 年的这一倡议收效甚微。在随后的政府和非政府报告中，与之相关的主题也一再出现。

在接下来的 40 年里，越来越多的证据表明不稳定、不平等和环境恶化之间存在联系。《精神层面：为什么更加平等的社会更有益发展》（*The Spirit Level：Why Greater Equality Makes Societies Stronger*，2009）一书中，医学研究者理查德·威尔金森（Richard Wilkinson）和凯特·皮克特（Kate Pickett）指出，不平等越多，富人和穷人的健康状况就越差、暴力事件就越多、婴儿死亡率就越高、非法药物的使用就越多、教育成效就越低，对自然资源的消耗和排污的需求也更高。威尔金森和皮克特认为，在不平等的社会，人们会因担忧地位而增加消费。作为社会性生物，我们总是想拥有邻居所拥有的东西。随着社会差距的增大，消费者债务水平也会随之上升。由于消费压力，更多的不平等会导致工作时长的增加（Wilkinson and Pickett 2009，p. 223）。消费越多，债务越多，工作越多，污染越多，这些都促成了大加速的发生。不平等造成环境破坏的另一个原因是，由于政治权利的不均衡，有毒废物和污染工业都被集中在较贫穷的社区，不会为了所有人的利益而对其进行监管。这种"眼不见，心不烦"的做法，至少使富人暂时免受了恶臭、丑陋的工业副产品的伤害。但污染物最终会进入大气和水循环，这可能是不平等富裕社会中的富人，没有更平等富裕社会中的富人健康的原因之一（Cushing et al. 2015）。

地理学家丹尼·道灵（Danny Dorling）的统计数据也表明，更大程度的平等对社会和环境都有利。更公平富裕的国家，如韩国、日本、法国、意大利、挪威和德国，往往排放的 CO_2 更少，产生的垃圾更少，消耗的肉类更少，驾驶次数更少，用水也更节约（Dorling 2017a，2017b）。他认为尽管其中的关联性并不完美，但也是惊人的。甚至，生活在更平等富裕国家的富人，也比生活在不平等富裕国家（如美国、加拿大和英国）的富人带来的污染更少。不平等似乎会减少闲暇时间、健康、幸福感、垃圾填埋空间、干净的空气和水，以及其他物种。道灵的工作是一个用数字讲述的道德故事。

因此，即使是致力于保护非人类动物的组织，如世界自然基金会（WWF，前身为世界野生动物基金会）也关注人类的差异。世界自然基金会 2000 年的《地球生命报告》（*Living Planet Report*）追踪了不同社会中人们的"生态足迹"，重点关注了人们对非人类动物的严重影响。报告总结："如果今天每个活着的人都以美国人、德国人或法国人那样的平均速度消耗相同或类似的自然资源、排放 CO_2，那我们额外还需要至少两个地球"（WWF 2000）。自 2000 年以来，世界各地的不平等进一步加剧。为了试图追踪人类社会对周围生物的系统性压力，世界自然基金会 2016 年的《地球生命报告》（*Living Planet Report*）采纳了人类世的概念和地球系统科学的研究结果，将其作为框架概念，呼吁公平分配地球资源，减少消耗，从而减少对自然资源的需求（WWF 2016）。

不平等和生物圈退化之间至少可以通过 6 种不同的途径得以联系，包括跨尺度的相互作用和反馈（Hamann et al. 2018）。威尔金森和皮克特认为："鉴于不平等对社会造成的影响，特别是它提高了竞争性消费，两者看起来不仅是互补的，而且政府也不可能在不减少不平等的情况下大幅减少碳排放"（Wilkison and Pickett 2009，p. 215）。总之，在资源使用方面，跟随平等主义社区的节奏，比跟着不受约束的市场前进，破坏性要小得多。

7.5　适应人类世：对北方世界的建议

有许多提案建议让"北方世界"及类似近几年中国和巴西这样快速发展的经济体减少对资源和排污坑的过度依赖。其中一个提议是减少工作时间，其目的不是为了创造更多的时间来消耗，而是腾出时间加入改善社区和支持生态健康的活动，如园艺、制做罐头、堆肥、制造、修补、参与艺术活动、关心他人、户外玩耍、分享商品和服务，同时减缓经济增长。对工作时长的强制性限制可能有助于消除人们用更长的工作时间换取更多的薪水，从而消费更多东西的冲动，这种冲动在不平等的富裕社会中尤其强烈。另一项建议关乎基本工资，包括提高穷人收入的最低补贴，并对高收入者的最高收入设置上限（通常是公司或社会中最低收入者工资的倍数）。其目的是在经济增长放缓的情况下，实现更大程度的平等，减少对自然资源的压力。

有人提议废除目前私人银行通过放贷制造财富的金融机制，以遏制债务、通胀和不断扩大的货币供应循环。如果贷款需要100%的准备金，商业银行只能贷出储户所存的钱。相关提案敦促国家政府集中控制货币供应。也有人呼吁降低世界贸易组织和世界银行的权力，这些人认为上述组织过激的金融工具会助长环境破坏，而不是可持续发展。许多人认为我们需要"一系列基本资源的限额拍卖交易系统"，即对自然资源的使用设置上限，并将使用权拍卖给个人和公司，他们可以交易这些权利，使其落入价格最高的使用者手中。这个想法是为了保护可再生自然资源，同时严格限制不可再生资源的使用，提供了可灵活变通性。所有提案都旨在将我们的精力和资源重新定向，建设更多对地球资源需求少的平等主义社区。

虽然碳税的主要目的是减少温室气体的排放，但也可以解决社会稳定、公平和环境质量之间的关系。作为一项政策措施，它通常是对交通和发电厂使用的化石燃料征税，而不是对其他排放温室气体的来源征税，如燃烧森林和泥炭地、生产混凝土、融化释放甲烷的冻土苔原，或者破坏土地用以种田或建筑。自1997年签署《京都议定书》以来，许多国家或地区对化石燃料征收更高的税收，限制其使用。在大多数地方，碳税是有效的，但其社会影响却是倒退的，承受负担最重的是那些最无力缴税的人。如果你拥有一架私人飞机，多几千美元的燃料成本对你的生活水平影响可以忽略不计，但如果你不得不开着一辆低效的旧车去做一份工资最低的工作，几百美元的税金可能是压死骆驼的最后一根稻草，这些税收中的不平等会滋生政治阻力。2018年冬天，法国总统埃马纽埃尔·马克龙（Emmanuel Macron）推行了普遍税收，但却为企业和富人减税，这一举动引发了全国性的示威活动，甚至出现了暴力示威。

不过，并非所有的碳税都是为了加重不太富裕人的负担。收入中性碳税提供了一种抑制化石燃料需求，同时更公平地分担税收的手段。2008 年，加拿大不列颠哥伦比亚制定了一项特别有效的收入中性碳税，以个人和企业税收减免的形式将收入的美元都返还给不列颠哥伦比亚人。2015 年的一项研究显示，这项税收使得该省的（碳）排放减少了 15%，而且未对该省的经济产生不利影响。事实上，"2007～2014 年，不列颠哥伦比亚的实际国内生产总值比加拿大平均水平高出了12.4%"，清洁能源行业的就业增长同样非常强劲（United Nations, Climate Change 2019）。与此同时，在美国，公民气候游说组织（CCL）要求国会通过一项类似于不列颠哥伦比亚计划的两党议案，目的是建立一个碳费信托基金收取税款，并以每月分红的方式将税款直接返还给每户。他们估计，"约有三分之二的美国人收到的返还税，要比他们用更高代价换来的支付税款高"（Citizens' Climate Lobby 2019）。联合国和世界银行支持其他国家效仿收入中性计划。尽管一些新的碳税可能会有益处，但它们只解决人类世某一方面的问题，忽略了其他方面，如生物多样性崩溃和土地利用变化的问题，再如玉米和棕榈油树取代了森林的问题。

最近，随着持续增长问题的不断增加，尤其是在法国，滋生出了"去增长"或称为"减少"的理念，强调北方世界按比例缩减经济生产和消费的必要性。其目的是提高人类福祉和平等，同时降低发达国家对材料和能源的需求（D'Alisa et al. 2014）。丹·奥尼尔（Dan O'Neill）分析了稳态经济学家和去增长倡导者的区别，认为前者更愿意使用市场机制来稳定资源使用，后者往往对资本主义制度持怀疑态度，并强调社会效果。但他也总结到，两者之间具有兼容性。在发达国家，"资源使用和废物排放超过了生态系统极限，在能够建立稳定的经济之前，可能需要经历去增长的过程"（O'Neill 2015，p. 1214）。

7.6　适应人类世：对南方世界的建议

南方世界面临的挑战与北方世界完全不同。就个人而言，生活在这些广阔地区的大多数人充其量也只是过着一般生活。正如记者科林·艾布拉姆斯（Corinne Abrams）总结的那样，2015 年，牛津赈灾会的报告《极端碳不平等》（*Extreme Carbon Inequality*）发现，"印度 10%的最富裕人口每年的碳排放量是美国 50%的最贫穷人口每年碳排放量的四分之一"（Abrams 2015）。他们消费的产碳商品和服务更少，住的房子更小，吃的肉更少，可能连属于自己的汽车都没有。印度 50%的最贫穷人口（约 6 亿人）的碳足迹几乎与日本 10%的最富有人口（约 1200 万人）的碳足迹相当。印度之所以成为仅次于美国和中国的第三大碳排放国，并不是因为多数人过度消费，而是由于资源利用效率低下、技术落后、贫富经济悬殊和极其庞大的人口所致。这些统计数据表明，制度比个人选择更重要。

正如 1980 年《勃兰特报告》和最近研究提出的那样（Hickel 2018），当前的全球经济和政治体系确实是在以牺牲南方世界利益为代价，积极偏袒北方世界。有些人将这种不平衡归咎于帝国主义，因为自 19 世纪早期开始，南方世界的大部分地区就已被殖民者直接控制，或受北方世界的打压。北方世界通过帝国统治开采殖民地的资源，破坏了殖民地的社会和生态福祉（Austin 2017）。如印度在被英国统治后出现了致命的饥荒（Davis 2001）。在加纳和非洲的其他一些地方，土著人使用的土地扩张方法比欧洲可可种植者引进的土地密集型方法更适合当地环境（Austin 1996）。东南亚的橡胶种植状况也是如此，当地种植者了解橡胶树特有的生物物理条件，知道将橡胶树种植在复杂的生态系统中可以抵御叶枯病，而不是在 20 世纪初，将它们成排种在单一作物农田中（Ross 2017）。尽管这些地方在西方到来之前远非生态乌托邦，但社会已经发展出了针对当地特有生态系统的价值观、经济实践和社会制度。生态保护与相对平等主义的社区之间的联系在历史上是很清楚的，但西方国家的到来打破了其二者在许多地方的联系。

即使在正式的殖民统治结束后，北方世界仍在继续重塑着南方世界的生活。第二次世界大战后，医学进步延长了人的寿命，降低了婴儿死亡率，技术进步改善了卫生、交通和通信。20 世纪五六十年代，在美国政府、福特基金会和洛克菲勒基金会的支持下，墨西哥和其他地区相继发起了绿色革命。正如席娃（Shiva）所描述的，在南亚，该项目需要大量纳税人补贴过的 NPK 肥料（氮-磷-钾）、高产谷物品种、现代集水灌溉系统和机械化种植技术。作物产量的初次提升大显身手，挽救了许多生命，并说服农民改变了他们的种植方式，负债购买化石燃料、人工化肥、灌溉泵和其他昂贵的设备。之后，随着肥料降解土壤的微量养分和真菌结构、污染水源、危害人们健康，负面效应开始出现。1991 年，当世界银行在印度实施结构调整方案时，情况进一步恶化，该方案与 1995 年的世贸组织条例相结合，拆除了"粮食主权和粮食安全的公共框架"，并迫使"印度的粮食和农业系统与富裕国家的系统相结合"（Shiva 2008，p. 95）。最终引发了一场农业危机，价格飞涨，农民绝望。

绿色革命的难题是如何使增长满足自然物理制约。例如，在亚洲虽然谷物产量在 1970~1995 年翻了一番，人口持续增加，但作物产量与能源投入比例却随时间下降了。对于绿色革命的幕后人物，杰出植物学家诺曼·博洛格（Norman Borlaug，1914—2009）来说，这一结果并不意外。他在接受 1970 年诺贝尔和平奖的演讲中说："在农业方面的科学突破只是为不断增长的人口提供了暂时的缓冲，除非为增加粮食产量而奋斗的机构和为控制人口而奋斗的机构团结共进，否则在与饥饿的斗争中不可能取得持久的进展"（Borlaug 1970）。

对南方世界而言，人类世的挑战是创造一条通往幸福的路，而不是复制北方世界破坏性的增长模式。此方案要足够灵活，能够应对快速变化的环境和不断上升的人口压力，这是一项艰难的壮举。理论上，南方世界可以绕过这些陈旧、污染严重的技术，采用更新、更节能的技术，避免社区陷入高碳模式的困境。在实践中，发达国家向发展中国家转让绿色技术会受到知识产权法、受援国的技术知识、制度和制度的兼容性、贸易壁垒及进口技术的高成本等因素的阻碍（Hasper 2009）。为了应对这些障碍，已经专门为南方世界研发了一些产品，如用于电力不稳地区的低价太阳能笔记本电脑，以及低成本、低维护的陶瓷和"慢砂滤水"系统。其中一些替代品在被丢弃时仍会增加人类世的废物流，而另一些替代品则依赖可再生材料和本土制造，避免运输过程中的污染排放。此外，这些替代品是为方便维修和回收而设计的。高端产品最受关注，但从整体影响来说，低端产品往往更有效，这意味着低端产品通常会因不在经济分析范畴之内而被忽视。为节约用水而对漏水的陶土管进行的小规模维修从未出现在 GDP 计算中，而为生产饮用水而建造的脱盐厂却在统计中引人瞩目。

科学知识结合地方生态敏感型产品的生产和回收，在农业耕种中特别有效。根据国际有机农业运动联盟（IFOAM）的数据，在拥有最多有机农业农民的印度，不使用化石燃料化肥和设备的先进农业与传统农业每英亩产出的作物量相当，而且还可以维系昆虫的可持续生存（一个关键且日益重要的问题）、保护土壤结构、清洁水资源和空气（Shiva 2008）。非洲的绿色革命没有像南亚那样深入人心，但也在限制对环境破坏的同时，提高了农业效率。现今，乌干达拥有第二大有机农业农民群体，他们的农产品也价格高昂。

和其他领域一样，性别平等在这里也很重要。国际劳工组织的政策专家穆斯塔法·卡迈勒·盖耶（Moustapha Kamal Gueye）称："有了更多的土地权利和资本后，非洲妇女可以将她们农场的产量提高 20%～30%。这将使发展中国家的农业总投入提高 2.5%～4%，进而使世界饥饿人口减少 12%～17%"（Gueye 2016）。这些新形式的有机农业不同于传统农业，因为它们不仅依赖传统知识，还依赖科学研究和实验室推广。它们属于知识和劳动密集型农业，而不是资本和化石燃料密集型农业。现今，北方世界可能多陷于技术圈内，而南方世界的一些人可能在技术圈进进出出，有时会被困在大型石油开采项目和大城市的垃圾堆中（如尼日利亚），有时则生活在技术圈的边缘或之外的地方。

尽管南方世界的有机农业农民数量领先，但北方世界也有从业人员。日本微生物学家和植物学家福冈正信（Masanobu Fukuoka）是不耕作、不使用除草剂种植水稻的拥护者。他的《一根稻草的革命》（*The One Straw Revolution*）一书于 1975年以日文出版，后被翻译成其他 25 种语言（包括 1978 年的英文）。书中展示了他是如何既提高了作物产量，又改善了土壤和田地的生物多样性的。有机农业的其他支持者和从业人员都认为，含有复杂微生物的健康土壤会生产出更有营养的谷物、水果、坚果和蔬菜。美国小说家兼农民芭芭拉·金索沃尔（Barbara Kingsolver）在《动物、蔬菜、奇迹》（*Animal，Vegetable，Miracle*，2007）一书中，记录了她一家四口在当地吃饭的一年，食物几乎完全由自家花园和弗吉尼亚西南部附近的有机农户供给。她发现，即使算上她在农场外购买的有机动物饲料，以及在她山区家附近买不到的 300 lb[①]面粉，家里"一年的食物足迹可能在 1 acre[②]左右。"而美国四口之家的平均足迹是 4.8 acre，部分用于种植玉米，以制作会加剧肥胖危机和相关健康风险的加工食品中所需的玉米糖浆。正如金索沃尔说，鉴于到 2050 年"美国人均耕地面积将只有 0.6 acre"的评估（Kingsolver 2007，p. 343），她家的小面积耕地极其重要。

目前，政府政策支持不可持续的农业综合企业技术，这种技术用以临时生产低价、营养少的食品，会伤及小农户及其所在的社区。政策会升级支持可持续农业和强大社区吗？凯特·雷沃斯调查了全球面临的诸多挑战和补救提案，他建议，与其纠结于绿色增长、稳态经济或去增长，我们不如把目标放在创造"让我们繁荣发展的经济"和真正可持续的经济上（Raworth 2017，p. 209）。不幸的是，生态经济学家的工作还没有在权力的殿堂里得到太多关注，而且实际上，一些评估表明生态经济学正在朝着环境经济学家所采用的市场驱动增长模式和生态系统服务定价的方向发展（Beder 2011）。

7.7　结　　论

现代化及以现代化为核心的经济和政治理念是以人类与自然的分离为前提的。政治和经济思想家认为，我们的命运与地球上的物质和能量网络化流动无关。即使地球系统仍然遵循这些熵定律，人类也可以无视它们，永远增长下去。但是，认为人类命运与地球命运是分开的理念已经站不住脚了。人类轨迹与星球轨迹彼此无关的错觉，无意间导致了人类世的出现。我们现在知道的是，我们是、并将永远是地球系统的一部分。

在人类世时期，成功的经济和政治战略必然是多样化的，不同地方的战略不同，战略规模也从国际合作到周边行动不等。没有任何一个单一的"解决方案"可以让人类社区足够繁荣，繁荣到可以抵御由快速变化的气候和生物群落、加速或减缓的人口增长率、新的疾病威胁和有毒物质过载、难民流动，以及社会凝聚力的压力带来的影响。南方世界的经济困境是需要更多的食物、能源和就业机会以满足快速增长的人口，而北方世界则必须全力为不断减少的人口创造稳定的或去增长型的经济。政治上的挑战是在各级政府部门之间协调新举措：达成国际协议以限制更多的地球资源的过度使用，并协助国际规范、管理和制度的改革；国

---

① 1 lb=0.453592 kg；

② 1 acre=4840 yd^2=0.404856 hm^2。

家调整经济和社会机构的发展方向，以增强地球恢复力；赋予地方社区应对一线挑战的权力。

　　我们最大的希望在于多举措齐头并进。但是不论采取哪种方法都必须认识到以下几点：在有限的地球上，无限增长是不可能的；社会和自然系统是交织在一起的；虽然我们可以找到减少使用资源和能源的方法，但人类的生命永远不能去物质化；更多的公平可以创造更强大、更健康、更公正的社会，还可以减少对自然库存和垃圾坑的需求。当我们讨论重塑人类社会的诸多选择时，价值观问题就浮出水面。最终，人类世提出的问题不是要采用哪种技术、政策或制度，而是我们希望生活在什么样的社会里。地球系统严格界定了我们的选项，但它并不做出选择。

第 8 章　人类世的生存挑战

16 世纪，36 岁的法国贵族蒙田（Montaigne）在与死神擦肩而过之后，辞去了公职，开始思考"如何生存"这个问题（Bakewell 2011）。现在看来，这一问题尤为紧迫，人类世的到来，对自然、科学、社会、政治等各个层面来说都是一个新的挑战。蒙田通过在与世界及他人的关系中培养强烈的"自我"意识来寻求答案，伦纳德·伍尔夫（Leonard Woolf）称其为"完全现代第一人"。今天，人类世向我们展示了"人类"作为一种新的地质营力对地球系统的影响，进而对现代自我创造性策略提出了质疑。该观点将"人类"定义为"物种"或"人类活动"，而不是具有自我中心思想的个体，这已超出了蒙田的想象。即使是现在，也很少有人能理解将人类看作是一种改变地球系统的集体力量的看法（Chakrabarty 2009）。当时蒙田面对的是个人死亡，而如今我们面临的是物种的加速灭绝、生态系统的崩溃及数十亿人的深重苦难。早期人类在小范围面临的生存挑战和乐趣依然存在，但如今它们与全球困境之间建立了一种不稳定的关系。本章我们将从不久之后将面临的健康威胁出发，探讨人类世的众多生存挑战。

2018 年，《温室地球》一文向我们描绘了一幅清晰却令人担忧的人类前景图（Steffen et al. 2018）。人类世工作组成员威尔·斯特芬（Will Steffen）及其同事指出，有证据表明潜在的人类世发展轨迹只有两种。在接下来的几年，如果"一切照旧"，地球系统会被推着跨过"一个地球阈值，然后持续快速地走向一个更热的状态——温室地球。这条通道受地球内部强大的生物地球物理作用驱动，它不受人类活动控制，不可逆转、不可转向或大幅减缓"（Steffen et al. 2018，p. 8252）。这种失控的变化将会推迟稳定期的到来，而这一时期一旦到来，全球平均气温将远高于过去 120 万年以来的任何一次间冰期的平均气温，海平面将上升数十米，给人类造成巨大影响（Xu et al. 2020）。一旦跨越阈值，即使人类减少排放也无济于事，甚至可能会使地球脱离第四纪数百万年来的冰期-间冰期旋回。2018 年的另一项研究表明，在所有潜在的环境系统崩溃事件中，45%的"临界点"会被相互加强的反馈和多米诺骨牌效应放大（Rocha et al. 2018）。土地利用变化、人类捕食及有毒物质和各种垃圾的堆积，都会加速生物圈退化（Williams et al. 2016）。这"彻底的人类世"是智人，甚至我们的直系祖先从未遭遇过的。只有在最黑暗的文学、艺术和宗教想象中才能唤起人们在如此截然不同和高度退化的条件下的潜在苦难。

另一种情况是人类社会可能会合理管理地球，人为地稳定地球系统，将其升温幅度控制在 2℃以内。作者认为，为了改变地球运行轨迹，远离阈值，改变反馈方向，"需要从根本上重新定义人类价值观、公平、行为、制度、经济和技术，做出深刻变革"（Steffen et al. 2018，p. 8252）。不过，人类这场革命并不会为地球带来涅槃。即使在最好的情况下，所谓的"稳态地球"也会面临地球系统结构和功能的重大变化（Steffen et al. 2018，p. 8258），结果仍是温度比第四纪晚期任何间冰期都高，海平面也更高，生物圈退化更严重，需要通过持续不断的政治和行政手段构建技术和社会弹性。这个稳态地球虽然没什么吸引力，但远比完全未知且充满敌意的温室地球要友好得多。

气候学家迈克尔·曼（Michael Mann）将人类面临的挑战总结为"在这场比赛中，虽然我们出发得有点迟，但还不算太晚"。我们对地球造成的伤害是永久性的，但到目前为止，还是有限的，仍然有机会避免走向最糟糕、真正恐怖的境地（Mann and Toles 2016，p. xii），这个艰苦但更宜居的人类世仍是我们最大的希望。根据斯特芬及其同事的说法，接下来我们要在彻底的人类世与和缓的人类世之间，也就是温室地球和稳定地球之间做出选择。年代地层学和地球系统科学都表明，"地球已经进入人类世，20 世纪中叶是其最有信服力的起始时间"（Steffen et al. 2016，p. 337）。我们已经回不去了，现在最好的选择是对人类与地球的关系有一个新的认识。

另一些研究更关注人类所面临的挑战的规模和风险。2018 年 10 月，联合国政府间气候变化专门委员会（IPCC）警告说，碳排放到 2030 年要减少 45%，到 2050 年清零，才能避免全球平均气温升高超过 1.5℃（2.7℉）的危险阈值（Davenport 2018；IPCC 2018）。按照当时的计算，人类只有 12 年时间可以改变地球的运行轨迹，避免珊瑚礁彻底消失，避免数千万人因海平面上升、干旱和火灾而流离失所。正如一篇新闻报道所说，"珊瑚礁仅覆盖了世界海底的 0.1%，但维持了 25% 的海洋生命物种，也为大自然增添了一道亮丽风景。此外，珊瑚礁还保护海岸线免受风暴的侵袭，帮助创造了近 250 亿英镑收益，维持了 5 亿人的生计"（McKie 2018）。报道最后给出了一个准确但令人沮丧的结论：在如此短的时间内要进行如此大规模的体制变化是"没有先例记录在册的"（IPCC 2018，p. 17）。

同样，在 2018 年 10 月，联合国组织成员克里斯蒂安娜·帕斯卡·帕默（Cristiana Paşca Palmer）在联合国《生物多样性公约》（*Biological Diversity*）中指出，物种迅速减少，生物群落崩溃会对人类构成威胁。"第六次生物大灭绝"事件意味着，如果人类不改变对待生物圈的方式，物种多样性可能会减少 75%。虽然还没发展到如此境地，但物种灭绝率在人类活动的影响下已明显提高。不过，物种灭绝只是问题的一部分。由于栖息地持续遭到破坏，幸存物种的数量也在减少。2017 年，由全球 59 位科学家共同撰写的一份"世界野生动物基金会报告"（*World Wildlife Fund Report*）显示，"自 1970 年以来，人类已经消灭了 60% 的哺乳动物、鸟类、鱼类和爬行动物"(Carrington 2018b)。2017 年的一项研究也表明，研究所调查的 177 种哺乳动物中，近一半的物种在 1900～2015 年失去了 80%以上的栖息区 (Ceballos et al. 2017)。

随着当前人类主食和未来潜在食物来源的传粉者的消失，生物多样性减少会威胁人类的食物供应。科学记者达米安·卡灵顿 (Damian Carrington) 指出："当前，世界上四分之三的食物仅来自于 12 种作物和 5 种动物，这使得粮食供应极易受到病虫害的影响，病虫害可能会席卷大面积的单一作物种植区，如导致 100 万人饿死的爱尔兰马铃薯饥荒事件"(Carrington 2017)。尽管种子库努力记录着世界植物的多样性，但可替代的食用物种可能已经灭绝。此外，当人口增长达到顶峰时，快速的气候变化可能会导致农作物减产 (Fowler 2017)。

足够的热量只是问题的一部分，另一部分是土壤养分流失，进而导致我们所食植物和动物的养分流失。根据联合国粮食及农业组织 (FAO) 的数据，目前全球供应粮食中，有三分之一缺乏维生素，原因在于现今的农业系统是在贫瘠的土壤上使用人工化肥生产无营养素的食物，而不是通过精心耕种生产有营养的食物 (Carrington 2018a)。以人工化肥和其他类似方法进行的农业生产虽然可以提高产量，但却减少了人体健康所需的营养物质。

过去 10 年，粮食短缺问题在不断加剧。根据联合国五个机构进行的一项研究，虽然生活极度贫困 (日均消费低于 1.9 美元) 的人口比例有所下降，但没有足够食物的人数却在增加。截至 2018 年，由于气候变化和冲突的急剧增加，这一数量已增至 8.21 亿 (每 9 人中就有 1 人没有足够食物)，是过去 10 年以来的最高值。报告强调，气候变化和极端天气正在破坏一些地区的粮食生产，迫使人们迁徙 (UN News 2018)。1981～2013 年，每天生活费不足 7.40 美元的人口从 32 亿增至 42 亿，占全球人口的 58% (Hickel 2018)。为了养活不断增长的人口，我们需要生产比现在至少多出 50%的食物，同时减少对生态系统的需求 (Pope 2019)。

由于营养和食物供应不足，人们对疾病的抵抗力可能会下降，抗生素也会失去效力。抗生素在饲养场和其他地方的滥用，加速了现代医学基本上无力抵御的耐药细菌 (有时被称为"超级细菌") 的出现，也削弱了我们抵抗疾病的能力。此外，滥用激素加速了家畜的生长，也导致人类和野生动物的生殖器官出现了癌变和发育障碍。由于人工雌激素在全球环境中的扩散，现今从北极熊到蜗牛等各类物种的繁殖都很困难 (Langston 2010)。另一个疾病来源是野生动物数量的减少。尽管人类在 2007 年以来已经成为城市物种，但其对森林系统的压力仍在增加，部分原因是在丛林间觅食肉食动物。在这些情况下，就会出现人畜共患疾病，如埃博拉病毒、艾滋病毒、冠状病毒 SARS 和 COVID-19。这些病毒从动物传播到人类，在某些情况下会在世界范围内传播并产生致命危害。

联合国的其他研究表明，除了日益严峻的粮食短缺和疾病感染问题，水资源短缺已经成为人类生存的一个主要威胁，而且随着人口增长，情况会变得更糟。2017 年，世界卫生组织（WHO）和联合国儿童基金会（UNICEF）的一份报告显示，全球有 21 亿人缺乏安全饮用水，有 45 亿人缺乏有安全管理的卫生设施服务。同年，联合国教科文组织（UNESCO）的报告称，有 80% 的废水未经处理或再利用就流回了生态系统。因此，每年有 34 万名不足 5 岁的儿童死于腹泻，也就不足为奇了。根据粮农组织的数据，农业用水占全球总用水量的 70%。联合国教科文组织 2014 年的报告显示，工业用水中约 75% 用于能源生产，包括水力压裂技术。总之，现今每 10 个人中就有 4 个人缺水。目前，世界上只有近三分之一的跨界河流由合作管理框架管理，所以对水的需求很容易成为政治甚至军事冲突的根源。随着人口增长，这些统计和预测数据不太可能会有改善。

我们面临的危机并没有简单的解决办法。在未来的几十年里，我们需要养活不断增长的人口，并大幅减少对地球已经超负荷的资源需求，这是一项艰巨的挑战。世界人口将持续快速增长，到 2050 年，人口预计将从当前的 78 亿增至 98 亿，即使全球生育率如所预期的继续下降，到 2100 年总人口也将达到 112 亿（UN, Department of Economic and Social Affairs 2017）。我们的生态需求已经超出了地球更新其生态资产的能力。根据生态工程师马西斯·瓦克纳格尔（Mathis Wackernagel）和生态学家威廉·里斯（William Rees）于 1990 年建立的全球足迹网络，"世界上 80% 以上的人口生活在生态赤字国家，所消耗的资源超出了生态系统所能更新的资源"。2018 年，全球生态足迹网络的科学家通过计算得出，全球人口消耗的自然资源是地球自然资源的 1.7 倍，包括植物性食物和纤维产品、牲畜和鱼类产品、木材和其他林产品、城市基础设施用地，以及回收废弃物，特别是碳排放所必需的资源。与此同时，消费水平非常不均等，有些国家的消费远远高于其他国家（Alexander et al. 2016）。"在一切照旧的情况下，到 2020 年，人类每年对地球生态系统的需求预计将超出自然再生能力的 75%"，全球一些地区的能源需求也将上升。据估计，现今全球有 14% 的人口生活在没有电的环境中，要解决这一问题，需要在人口不断增长的地区（特别是在非洲撒哈拉以南的地区和南亚地区）扩大能源产出，并鼓励其他地区减少能源需求（International Energy Agency 2017）。

由于以下两个原因，增加某些形式生产的同时，减少对地球系统的影响是一项巨大的挑战。第一是环境变化的可预测性已不如从前。人类世的发展带来了意想不到的挑战，提前规划未来变得更加困难。从基础设施和农业到政治和经济的社会互动，包括法律框架，所有系统都必须具备灵活性和弹性（Vidas 2015；Vidas et al. 2015）。第二是社会内部和全球范围内的不平等现象都在迅速加剧。这意味着，在做出可接受的选择的背后，民主力量可能会被富人控制，后者拥有最大的权力和影响力，最能保护自己免受即将到来的人类世的危害。相反，贫穷阶层往往往会抵制他们认为不公平的环境政策，比如那些要求他们在获得足够资源之前就采取紧缩措施的政策。

更平等地分配地球财富和更均衡地承担风险不仅是一种道德要求，更是一种必须要求。正如威尔金森和皮克特所说，"政府可能无法在大幅削减碳排放的同时放任不平等蔓延"（见第 7 章；Wilkinson and Pickett 2009，p. 215）。此外，研究表明，更平等的社会能创造更大的信任和透明度，更有可能明智且有效地利用地球资源。但目前恪守不平等的意识形态依然普遍。减缓人类世的全球目标非常明确：建设绿色经济，意味着更小的经济规模（特别是在北方世界）；鼓励绿色政治，更公平地分配资源和权力；降低人口出生率，使人们在不断变化的地球边界内过上更健康的生活。但问题是，我们能否在实现这些经济、政治和人口目标的同时，突破未来几年的瓶颈，在跨过危险阈值之前稳定地球系统。

8.1　不同的世界，不同的希望

作家罗伊·斯克兰顿（Roy Scranton）说："我们面临的最大的问题是一个哲学问题：理解这种文明已经死亡"（Scranton 2013；Scranton 2015，p. 23）。斯克兰顿所说的"这种文明"，指的是他 2003～2004 年在美国军队服役期间学到的，为攻打伊拉克可以献身的文明。在他看来，"这种文明"是一种无情的、追求权力的、以化石燃料为基础的新自由主义巨兽，显然是一场"永远的战争"（Filkins 2008）。但"这种文明"也是现代化的光明希望，可以让更多的人度过快乐童年和顺利分娩，享受更好的卫生环境和饮食，穿更好的衣服，抵御饥荒、抵抗疾病。不止如此，"现代化"是知识和教育普及、社会流动性和女性机会增加、科学奇迹、艺术普及、民主理想和自主意识的提升，以及人人都能享受这些东西等的缩影。如果"这种文明"带来的只有恐怖，那么我们自然希望它消亡。斯克兰顿称现代化是"被欺骗的幻想"，这让人难以接受，因为它曾经很诱人，而且现在依旧很诱人。承认人类世就像扼杀一场美梦，理解新世界就是接受旧世界已经消亡的事实。这个挑战在于在旧梦中能找出哪些元素仍然适用于新世界。在新的地球系统中，我们有挽救人类福祉和民族自觉的希望吗？

8.2　人类世道德与个人行为

幸运的是，尽管困难重重，我们依然可以看清现实的发展轨迹，没有被不断增长的权利、无限的经济和人口增长所迷惑。大多数人，包括本书作者，都想"做点什么"来改变现状。我们希望在不占用不公平的地球资源的情况下，过上有尊严且富有同情心的生活。但是，在发达国家，学校的教科书和政府提供的建议往往往具有误导性。最近一项研究提出了一些建议，包括回收瓶子、纸张、晾晒衣物、升级灯泡、驾驶节能汽车、购买绿色能源等（Wynes and Nicholas 2017）。然而，这些措施对减少碳排放的影响是有限的。如果想让发达国家的人民在行动上做出有效改变，这些建议毫无用处。正如教科书倡导使用可重复利用的购物袋那样，"做出改变并不困难"这种承诺会让人觉得不是什么问题，只需要我们适当的努力即可（Wynes and Nicholas 2017，p. 074024）。

综合研究表明，减少个人碳排放的四个最有效的选择是"少生一个孩子、不开车、不坐飞机、吃素食"。这项研究的作者塞思·怀恩斯（Seth Wynes）和金伯利·尼古拉斯（Kimberly Nicholas），经计算后发现，"不管研究参数怎么变，这些行为中的每一项都具有很高的影响力（每人每年排放的 CO_2 量至少减少 0.8 t，约为现今美国或澳大利亚年 CO_2 排放量的 5%）"（Wynes and Nicholas 2017，p. 074024）。尽管目前最有效的办法是少生孩子，但他们调查的所有加拿大高中科学教科书中，都没有提到这种方法（Wynes and Nicholas 2017；Murtaugh and Schlax 2009）。

从地球系统的角度看，怀恩斯和尼古拉斯建议的这四种方法不仅能减少温室气体的排放，还能减轻对其他物质的影响。例如，选择较小的家庭结构可以为其他生物留下更多的空间，有助于遏制生物多样性丧失和土地利用变化。同样，鉴于地球上 40% 的无冰土地都用于农场和畜牧，当人们的饮食习惯转变为以植物为主时，特别是对生活在全球前 15 个最富裕国家的人来说（这些国家人均肉类消费量比最贫穷的 24 个国家高出 750%），可以为其他物种留出更多的土地，同时避免饲养场过度使用抗生素（Tilman and Clark 2014）。如果有足够多的人选择无车生活，不仅会减少污染排放，还有可能减缓城市扩张。腾出的土地将用于过滤水，维护土壤结构，固定泥炭、土壤和森林中的碳，以及其他一些延续生命的过程。无车生活还可以使社区更紧密、更健康、更平等，正如研究所示，这些社区更注意他们对环境的影响。

同样，减少乘坐飞机，不仅会减少航空燃料的使用，还会减少对其他资源的需求。国际航空运输协会（International Air Transport Association）的数据显示，2017 年，客舱垃圾（大部分是塑料）为 520 万 t，到 2030 年预计将增至 1000 万 t。换言之，将这四种有很大影响的行为组合在一起，不仅是气候道德的基础，也是人类世道德的基础。它们是对当今全球规模强迫机制做出的响应，安东尼·巴诺斯基（Anthony Barnosky）及其同事将之总结为"伴随着资源消耗、土地利用改变、能源生产消费以及气候变化的人口增长"（Barnosky et al. 2012，p. 53）。但是不管个人的选择有多重要，能产生足够的力量来缓解全球压力吗？

关于驱动力和力量，我们回到第 1 章提出的问题：如何处理自然科学和人文科学之间的关系，以及如何平衡人类世重叠的地质和人类时间尺度。本书的核心内容是构建人类世的多学科研究方法，这要求我们理解人类活动的巨大地球物理驱动力和多种多样的力量之间的关系。正如怀恩斯（Wynes）和尼古拉斯（Nicholas）的研究所提到的，看待这种关系的主要方式是关注个人。现代化使我们习惯于把自己视为个体行为者，因此我们倾向于寻找在道德上站得住脚的个人选择，希望这些选择能改变地球运行轨迹。

小说家和评论家阿米塔夫·高希（Amitav Ghosh）指出，这种将人与地球直接联系起来的方法是现代文学、历史和政治的思想核心——"个人道德冒险"（Ghosh 2016，p. 77）。一方面是我们对家庭、食物和交通的日常决定；另一方面是人类活动的长期进化突然汇聚在个人的短短一生中，改变了地球的新陈代谢，产生了人类世。二者之间存在巨大鸿沟。即使每个人都选择布袋购物，也不会使我们的政治和经济制度符合地球的制约。并不是说个人的选择不重要，相反，它们很重要。但我们对这些选择的过度依赖，是斯克兰顿（Scranton）所认为的注定要消亡的文明的产物。个体中心化已经破坏了我们生活的生态基础。因此，单凭个人选择不太可能在人类世创造出切实可行的、体面的社会。

人们认为自己有责任"拯救地球"，这一事实并非偶然。20 世纪 70 年代初，随着北方世界环境意识的兴起，各国政府和社区纷纷做出回应，企业和政治利益集团故意将"环境"重新定义为关乎个人道德的事情，而不是政治和社会责任的问题。例如，在美国，包括可口可乐、百事可乐和美国酿酒协会在内的大公司被要求重复使用瓶子。当时通过了一些法律，以每个空瓶子返还 5 美分，或在某些地方是返还 1 角的方式，鼓励顾客将瓶子返还回来。然后，饮料生产商会收集空瓶，重新装满更多的饮料。由于不愿意承担这一负担，企业开始发起反垃圾运动，旨在让个人和地方政府负责再循环利用。可口可乐公司不再对可乐瓶进行清洗和重新灌装，取而代之的是政府采取的更低效的处理方式，这些瓶子会被公费运到市政回收中心，按颜色进行分类、粉碎和熔化，以供新用途。实际上，市政路边回收对企业也是一种"补贴"。正如历史学家泰德·斯坦伯格（Ted Steinberg 2010）所说，这种"绿色自由主义"保护了企业利益和资本主义市场，但消费者和纳税人却要为这些低效的环保措施买单。绿色自由主义倡导，个人选择是可持续体系的关键，但许多消费者觉得这些行为徒劳无益，因此变得或愤世嫉俗，或极其绝望。而我们要做的远不止这些。

怀恩斯和尼古拉斯还意识到，在提倡有效的个人选择时，"如果社会规范或结构起阻碍作用，聪明的人可能不会减少肉类摄入量，或采取其他更有效的方式"（Wynes and Nicholas 2017，p. 6）。因此，他们呼吁改变公众态度和公共政策。误导性的教科书，以及企业和政治政策所塑造的社会规范，创建了一个非"绿色"的世界。在这个世界，要想达到真正的"绿色"，需要一些反社会行为。因此，人类世引发了许多人的生存危机，也就不足为奇。在发达国家，几乎不可能有真正的人类世道德。为数不多的个人主义者为了在地球上过轻松的生活而违背社会规范，规避法律，这是对"绿色消费"主流的无赖式抵抗。有意远离电网生活的社区，他们采集食物或者以被车碾死的动物为食，用废弃物建造房屋，只穿土布衣服或动物皮，这些都与必要的环境约束密切相关。然而，这些选择却成了执法和嘲弄的对象。生活在有 DIY 太阳能电池板的木屋里、在废弃建筑的废墟中创造艺术、在被划为其他用途的地产上种植鲜花绿植，这些行为可能都是适用于地球的，但却要应对"无休止的繁文缛节与不利的法律和嘲笑"（Hren 2011，p. 181）。

木匠兼教师的斯蒂芬·赫伦（Stephen Hren）从一个由非裔美国人建立在食品荒原的底特律自有农场（D-Town Farm），到北卡罗来纳州西部的新原始主义阵营，观察了美国的另类生活方式。他对这些方式表示赞同，认为"植根于法律和习俗中的不容置疑的强大势力将我们束缚在一个僵化的体系中，我们需要尽可能地保持灵活性和探索性"（Hren 2011，p. 181）。即使是怀恩斯和尼古拉斯推崇的不是如此极端的措施，比如选择素食主义，也还是会引发一些人的愤怒。选择这些措施的人可能会被视为笨拙、固执的空想家。在人类世，该做什么，该如何生活，这些曾经看似简单的难题实则让人难以抉择。《在注定要灭亡的世界中养育女儿》（Raising a Daughter in a Doomed World）一文中，斯克兰顿（Scranton）在孩子出生的喜悦和悲伤中挣扎，因为孩子出生在了一个"破碎的世界"里，"就所有最重要方面而言，都已经太晚了"（Scranton 2018，p. 327）。

8.3　人类世的技术"修复"

如果我们所熟悉的个人选择不太可能抵消人类世对地球的影响，或许新技术可以。从地球工程到改变国家电网，再到更小一点的家庭和社区"绿色"技术，这些新技术提案在不同尺度上发挥着作用。总的来说，这些提案虽然很有吸引力，但其目前应对的是气候变化，而不是人类世本身，这回避了与地球系统所有层面的触碰。它们也很少有考虑到人类世所涉及的时间尺度，例如，即使脱碳技术取得成功，海洋环境的恢复仍然需要几千年的时间（Mathesius et al. 2015）。另一个问题是，人们往往忽视技术提案的政治意义。对绿色技术，尤其是对地球工程的批判，往往迅速而有说服力。但包括环境政策专家西蒙·尼科尔森（Simon Nicholson）在内的许多人称，虽然没有"技术修复方案"，但新技术可以成为"在生态和社会方面引导世界进入正确和适宜状态的一小部分（力量）"（Nicholson 2013，p. 331；Nicholson and Jinnah 2016）。无论是从更大的地球系统的生态效能而言，还是从政治、经济和社会影响而言，权衡每一项特定技术的利弊非常重要。"修复"可能会产生新的问题。

地球工程是规模最宏大的想法，其被定义为"为了缓和全球变暖而对地球气

候系统进行的大规模的人工干预"（Royal Society 2009，p. ix）。到 2006 年，克鲁
岑已经对试图降低温室气体排放的政治努力感到绝望，称这些努力"极其失败"
（Lane et al. 2007）。在政府间气候变化专门委员会（IPCC）、五角大楼、美国国家
航空航天局（NASA）、大学和民营企业等机构的支持下，其他科学家和工程师赞
同克鲁岑的说法，认为气候变化带来的危险如此严重和紧迫，可能需要地球工程
的解决方案，尽管他们和克鲁岑一样，很清楚其中的风险。在《这改变了一切》
（*This Changes Everything*）一书中，娜奥米·克莱因（Naomi Klein）将英国皇家
学会于 2011 年 3 月在齐切利厅饭店（Chicheley Hall）举行的会议描述为是对地球
工程的庆祝会（Klein 2015，p. 277），但其实他们的报告也承认，地球工程在"被
质疑和困扰，一些方案明显很牵强；另一些则更可信，正由知名科学家进行研究；
还有一些方案被宣传得过度乐观"（Royal Society 2009）。地球工程学的两个基本
方法是 CO_2 去除法（CDR）和太阳辐射管理法（SRM）。CO_2 去除技术可以通过
新的机械装置或增加现有的生物或化学过程从大气中吸收 CO_2。正在开发的一些
机械技术是从烟囱中捕获释放出来的碳，而其他技术可以"清除"空气中过量的
碳。在这两种方法中，碳都必须被储存起来，但是储存在哪里和怎么储存还是一
个问题。大气中的 CO_2 也可以通过模拟自然存在的碳循环技术来去除，包括大规
模植树、开发使土壤能够捕获更多碳的耕作方法、培育泥炭、向海洋中播撒铁屑
以促进吸收 CO_2 的浮游植物的生长（Hamilton 2013）。

第二类地球工程学技术被称为太阳辐射管理，旨在将"一小部分太阳光和热
能反射回太空"（Royal Society 2009，p. ix）。太阳辐射管理技术包括物理学家罗
杰·安吉尔（Roger Angel，2006）提出的"航天器云"，该装置可以拖出一种可
以反射太阳辐射的透明材料来遮蔽地球；大卫·凯斯（David Keith）提出的向平
流层喷洒硫酸盐气溶胶（Klein 2015，2019）；以及克鲁岑（Crutzen 2006）提出的
向平流层注入硫以减少照射到地球表面的太阳光。对于低层大气，工程师正在研
究通过使云变白而增强云的反射性的方法，也许可以用一支风力驱动的远洋船队
向空气中喷洒盐水。针对地面上的建议包括：将屋顶涂成白色、运用基因工程使
植物的树叶更亮、反光更强、制造更多的海洋泡沫和反射性气泡，以及用反射性
材料遮蔽极地冰川和沙漠。

正如尼科尔森所说，问题在于虽然太阳辐射管理方案可能会降低热量，但它
们对温室气体的积累毫无作用，而且必须无限期地持续下去，一旦停止就有可能
会导致气温急剧上升（Nicholson 2013，p. 332）。这些方案有许多仍处于早期实验
阶段，但已经引起了人们对一些问题的担忧，如对现存物种的未知副作用、降雨
模式的改变、问题的可逆性及国际法问题等。持怀疑态度的人还企图把最初无意
识地重构地球系统的野心与有意识地继续主导地球系统的阴谋相提并论。支持地
球工程学的"地球大师"反驳到，全球正面临威胁人类福祉的紧急情况，我们需

要做出相应的回应（Hamilton 2013）。剑桥大学工程学教授休·亨特（Hugh Hunt）说，大多数人都知道谈论地球工程学是"令人不快的"。"没有人想用它，但它很可能是我们所能做的最佳选择"（Nicholson 2013，p. 324）。

技术解决方案的其他提倡者认为，精心打造一个超级工程化的环境不是最后孤注一掷的努力，而是"解决"全球变暖问题的一种方式，这样他们就可以照常工作。有些人甚至对这一前景感到兴奋。突破研究所（Breakthrough Institute）的生态现代主义学家为可能会实现一个"美好的，甚至是伟大的人类世"而欢呼。他们的"生态现代主义宣言"提出"城市化、水产养殖、农业集约化、核能和海水淡化等过程都有可能减少人类对环境的需求，为非人类物种提供更多空间"（Asafu Adjaye et al. 2015）。他们认为，实现美好人类世的主要障碍是以资源有限为前提而发起的环保运动。该研究所的联合创始人、政策分析师迈克尔·谢伦伯格（Michael Shellenberger）和特德·诺德豪斯（Ted Nordhaus，经济学家 William Nordhaus 的侄子）在 2004 年环境投资者协会（Environmental Grantmakers Association）上发表文章，首次抨击了环保主义者，该文章之后被 2005 年《谷物》（Grist）杂志转载，并补充更新了内容。在文章中，他们说："我们认为环保运动的基本概念、制定立法提案的方法以及制度本身已经过时了。现在的环保主义只是另一个特殊利益集团"（Shellenberger and Nordhaus 2005）。在他们看来，技术将使我们生活在一个"后环境而非环境，后物质而非物质"的新世界（Nordhaus and Shellenberger 2007, p. 160）。该研究所的成员包括：《地球的法则》（Whole Earth Discipline，2009）的作者，企业家斯图尔特·布兰德（Stewart Brand）；《理性乐观派：一部人类经济进步史》（The Rational Optimist: How Prosperity Evolves，2010）等多本书的作者，记者马特·里德利（Matt Ridley）；《上帝的物种：在人类纪拯救地球》（The God Species: Saving the Planet in the Age of Humans，2011）的作者，记者马克·林纳斯（Mark Lynas），他们都提倡使用核能。荷兰记者马克·维斯奇（Marco Visscher）还宣扬他们的理念，认为"我们可以拥有一切"（Visscher 2015a，b）。

其他人也宣扬了他们的观点（Kahn 2010），这些观点毫无意外地在一些商业领袖中饱受欢迎。例如，兼管维珍航空公司和其他几个公司的董事长，商人理查德·布兰森（Richard Branson）认为，技术创新会避开地球的限制。为了支持技术创新，布兰森出资 2500 万美元，启动了一项直接从空气中提取碳的研究。他说："如果能找到解决这个问题的地球工程学方法，那我们就可以继续开飞机、开车了"（Nicholson 2013，p. 324）。和第 7 章讨论的环境经济学家一样，一些商人和政策制定者提出了大规模去除 CO_2 等的特大技术项目，以避免在如何结束我们日益增长的资源使用和能源输出方面做出艰难的政治决定。用斯克兰顿的话说，这些"一切照旧"的倡导者在理解旧文明已经消亡的哲学挑战中失败了。

第三类人认为，我们从全球化增长经济向生态制约下的动态稳定经济转型的过程中，特大技术项目会是减轻社会负担的一种方式。如果以特大技术项目为目标，那么困难在于融资。随着经济放缓并趋于稳定，外加投资回报的预期很低，一些私营企业不愿投资新技术。因为私营企业对股东负责，按照法律他们无法做到这一点。出于这些以及其他一些原因，荷兰经济学家塞维斯·斯托姆（Servaas Storm）认为，私营企业不可能成为全球经济规模缩减的助推力，他说道：

"我们必须明白的是，阻止全球变暖所需的颠覆性创新已经超出了小公司甚至大公司的能力，因为这些技术的成本很高，至少需要 20~25 年才能充分发展，是一个不确定的非概率过程，成功或失败的'概率'无法事先客观计算，而且总是以创新者无法利用的潜在社会收益为特征"（Storm 2017, p. 1314）。"

同样，汉密尔顿（Hamilton）认为，从根本上讲，"市场及其绑定的政治体系的时间尺度较短，而地球系统调整人类活动所需的时间尺度要长得多，两者是错位的……，换句话说，市场新陈代谢的速度比地球系统快得多，但在人类世，这二者不再独立运作"（Hamilton 2015b, p. 35）。斯托姆和汉密尔顿都认为，市场不能胜任这项任务。我们需要其他方法来实现稳态经济或去增长经济，同时最大限度地减轻人类要遭受的痛苦。

其中一种替代方案是绿色技术领域的大型公共工程或公私合作项目，它们的即时回报不那么重要。在电力部门，太阳能、风能、热能、核能、生物燃料和氢能都被认为是有吸引力的、政府会支持的替代能源。无论是在社会方面还是环境方面，每种替代方案的成本和收益计算都很复杂，"没有免费的午餐"原则也适用于此。但其中一个问题是如何衡量大规模替代能源的碳排放量。这说起来容易做起来难，因为整个制造、运输、维护和衰变周期的排放量都需要计算。此外，如第 7 章所述，大规模绿色能源植物对生物圈和土地利用的影响也必须计算在内。其他问题还关乎社会和经济成本，如何将每种形式的能源建立在现有的电网上？或者是否需要新的输送模式来改变社会内部的能源分配？哪些社区将首当其冲地承受新设施的冲击？

核能产生的放射性废物和核熔毁排放衍生出了一个关键问题，要权衡眼前利益与长期的不利因素（Brown 2019）。一些放射性同位素会迅速衰变，而另一些则会持续数年甚至数千年，如 ^{239}Pu（钚）的半衰期约为 24000 年。2011 年 3 月，日本经历了地震、海啸和福岛核电站部分堆芯熔毁的三重灾难，随之爆发了关于核能的激烈争论，至今仍未有定论，我们撰写本书时，核熔毁仍在持续（Aldrich 2019）。因此，不应在现有化石燃料资源的基础上增加新的绿色能源，以净增加全球的能源使用。相反，总体目标必须是在资源不足的社区增加能源供应，同时减少其他地区的需求（Chatterjee 2020）。在我们突破人口不断增长和资源迅速减少的瓶颈时，选择正确的技术需要做出一系列艰难的取舍，尤其是在项目规模庞大且成本高昂的情况下。

诸如被动式太阳能住宅设计、现代堆肥厕所和水土保持创新技术这类较小规模的技术，可以在资源使用及垃圾场需求方面达到最低限度。它们往往出现在社区，以应对社会文化和特定的环境挑战。这些现代性技术依赖于先进的科学知识，其谨慎的选材、生产方法和废物回收方式使之不同于其他技术方法。将这些规范应用到技术设计中，可以最大限度地减少大规模技术修复带来的一些问题。例如，掩土房的建造就借鉴了我们祖先千年前总结的原则。这些小规模创新技术的优点是易于接受民主政治控制，而且如果技术产生不可预见的问题，或者如果环境中的临界点使社区面临的条件发生突然变化，可以很容易逆转。小规模技术也避免了特大项目产生的巨大"沉没成本"问题，但考虑到需要对整个系统进行累积转型，实施和协调各个地方的举措是一项挑战。这再次说明，天下没有免费的午餐。

更好的技术，就像更好的个人选择一样，是必不可少的，但它们不足以改变体制。斯特芬及其同事认为，除非"更新治理部署并转变社会价值观"，否则仅仅依靠资源最小化技术和谨慎的消费者努力是不够的（Steffen et al. 2016, p. 324）。政治学家大卫·奥尔（David Orr）也认为，"在未来的长期紧急情况中，首要任务是克服政治上的挑战"（Orr 2013, p. 291；Orr 2016）。社会学家朱莉·舍尔（Juliet Schor）观察发现：

> 如果我们只改变技术，那在现有的时间内是不可能解决问题的。如果不改变工作、消费和日常生活节奏，在全系统范围内做出改变，我们将无法阻止生态衰退，也无法恢复金融业的健康发展（Schor 2010, p. 2）。

要求社会、文化、经济和政治进行体制变革的呼声日益迫切，他们要求我们不要把注意力放在个人选择或技术救助上，而是放在重新组织社会权力结构和价值观念上。

8.4　新人类系统可能实现吗

我们的目标是在快速变化的地球上，在生态限度内创建一个致力于为人类谋幸福的人类社会。这个目标合理吗？我们能否及时改变当前的社会、政治和经济制度，避免出现一个彻底的人类世？或是让驱动力和临界点决定我们的未来？社区能否在动态平衡状态下繁荣发展，以应对不断变化的环境约束而不陷入饥荒和暴力？

　　鉴于当今社会两极分化、对政府的不信任态度及各个层面之间的对抗关系，许多人已经举手投降，听天由命，或是以茫然的心态看着不可持续的全球文明走向崩溃。像保罗·金斯诺斯（Paul Kingsnorth 2017）等这样的前环保积极分子已经放弃冲在环保前线。一些优秀作家开始在作品中探索世界末日的场景，如小说家科马克·麦卡锡（Cormac McCarthy）的《路》（The Road）。在一次电影展览中，摄影师爱德华·伯汀斯基（Edward Burtynsky）、制片人珍妮弗·贝赫沃尔（Jennifer Baichwal）和尼古拉斯·德·彭塞尔（Nicholas de Pencier），捕捉到了人类的破坏延伸至地平线的梦魇般场景（Burtynsky et al. 2018a，b；Baichwal et al. 2019）。另一些人认为，避免自我毁灭的唯一途径是放弃现代自由，委身于生态极权主义。生物学家加勒特·哈丁（Garrett Hardin）在 1968 年发表的著作《平凡者的悲剧》（The Tragedy of the Commons）中呼吁"互相制约，互相支持"，以避免环境被完全破坏。他坦言，"不公正总比彻底毁灭好"（Hardin 1968，p. 1247）。1974 年，经济学家罗伯特·海尔布隆纳（Robert Heilbroner）认为，过惯了富裕生活的人永远不会欣然接受稳态经济中的自律和朴素生活，并说到，"我不仅是预测，我还断定集中权力是我们受到威胁的危险文明退位让贤的唯一手段"（Heilbroner 1974，p. 175）。许多人遵循这一逻辑，敦促更强大的民族国家与国际治理相结合（Giddens 2009；Rothkopf 2012）。也许每个考虑过我们前景的人都会时不时地感到绝望和无奈，或听任生态极权主义者的命令，将其作为最后的解决方案。绝望也许是合理的，但也非常容易。

　　但还有另一种可能的方法。意志坚定的乐观主义者认为，在有限自治的情况下，创造一个生态经济平衡，不那么激进的美好社会是有可能的。历史和人类学的深层根基打破了这一观点，即创造人类世的人类力量集合是注定会存在的，或者说它们不可避免地会无限延续。人类社会的所有奇妙发明，以及人类制定的离奇的规则和目标，都表明美好的生活方式不是唯一的，生活理念也不止一种。当然，虽然现在情况看起来很糟糕，但乐观主义者也有信仰的基石。这里，我们考虑三方面因素：从历史的角度看，"增长"作为社会、经济和政治价值的定义是最近才出现的；当前世界上许多群体和行业生活在一个近似稳定的状态，在某些情况下，这不仅是可持续的，而且可以扩大；我们已经掌握了关于现今困境的科学和社会知识。反过来，这些可以为怀抱希望的行动提供三方面的历史和社会基础：人类集体程度的贪婪是最近才出现的；并不是所有人的生活都在给自然增加压力；我们对物质环境和社会资源有足够的了解。简言之，有三个理由可以证明，在环境限制内，实现适度的幸福不一定是白日梦。适度的人类世比彻底的人类世更有可能实现。

8.5　当今地球系统的降临

第一个充满希望的重要因素是现代文明是人类漫长历史中的一种异常现象。因此，我们有理由相信，在没有现代文明这种独特的异彩、肮脏和幻想下，我们也可以生活。如人类世历史学家、政治学家、社会学家和生态经济学家所说，无限增长的概念是最近才出现的，直到 19 世纪才成为国家现代化发展的目标，而且当时也经常受到质疑。尽管无限增长的理念在全球范围内传播已久，但现今仍会受到阻力。在化石燃料促成全球快速交易之前，很少有人会怀疑企业将受到限制。同样，认为政治体系的主要目的是确保经济增长的观点也是最近才出现的。正如政治学家蒂莫西·米歇尔（Timothy Mitchell）所言，"经济是在某个特定国家或地区，商品和服务的生产、分配和消费关系的总和"，这一概念是 20 世纪 30 年代出现的。只有"经济"概念出现后，它才能成为评判政府的标准（Mitchell 1998，p. 82）。

此外，直到 20 世纪 70 年代和 80 年代，随着金融资本主义的兴起，经济可以超越地球生物、地球化学极限，并永远对抗熵定律的观点才出现。对富人来说，这种无休止的全球化掩盖了地球的有限性。新资源、新市场和新的遥远垃圾堆似乎总是近在咫尺，通过隐藏一些关于贫困和掠夺的指标，新的金融体系服务过程中的暴力罪行会变得隐形。对于不怎么幸运的人来说，增长的成本和制约却显而易见。换句话说，富裕经济学的意识形态和经验及其在经济和政治生活中的中心地位是有历史和地理界线的，只有在全新世让位于人类世时才出现，而且只有一小部分人才这么认为。这是一种反常现象，没有揭示出任何关于人性或是什么在驱使大多数人做决定的信息。就像 15 世纪欧洲的一种脚趾处极长的"尖头鞋"，虽然穿着会摔跤，但人们却很喜欢，无限增长的信念也绊了我们一跤。同样像尖头鞋一样，我们当前经济体系的失常本质上只是暂时的。

人类历史上更普遍的认识是生产、贸易和消费必然会对能源和物质的交换和限制做出反应。人类学家、历史学家和社会学家举出了大量例子，说明人们知道他们所在的社区在物理、文化和精神上植根于一个特定区域。例如，德国黑森林的早期现代商业制绳工厂总是受环境的支配，工艺依赖足够柔韧的草、水车的驱动依赖源源不断的山泉水、复合机器的制造依赖合适的金属材料等。一段时间的干旱天气使草枯萎、水流减少、突然爆发的疾病使劳动者变虚弱或失去劳动力、钢材耗尽等，都会对工厂生产造成即时影响。没有绳子，其他活动就会受到阻碍，人们不能拖拉货物、驾驭马匹、拉水桶，或敲教堂的钟。在局地范围内，生产和社会福利必然会对环境的约束做出反应。

19 世纪，当化石燃料推动经济飞速发展时，积累和再投资的必要性开始蔓延，许多人认为，社会将（也应该）会厌倦为不必要的商品而进行的无休止工作。一旦获得了足够的财富，谁会想继续劳作而不是享受生活呢？谁会想要继续提高生产率而不是寻找自己的快乐呢？社会学家马克斯·韦伯（Max Weber，1864—1920）谴责了这所谓"理性"的"铁笼"，其源自"新教徒伦理观"的遗留问题，推动了资本主义发展（Weber 1958[1905]）。他认为这是难以避免的，而其他人则比较乐观，认为可以从无休止的经济增长的单调乏味中解脱出来。他们认为，致力于结交朋友、提升技能和户外享受的稳定幸福状态，才是真正的理性，而不是财富的积累。1848 年，政治经济学家约翰·斯图尔特·米尔（John Stuart Mill，1806—1873）描述了稳定幸福的未来：

　　资本和人口的稳定状态并不意味着人类进步的稳定。各种精神文化、道德和社会进步都将拥有广阔的发展空间；生活的艺术也有很大的改进空间，而且当人们的思想不再全神贯注于生存时，提升空间会更大（Mill 1965 [1848]，p. 756）。

直到 20 世纪，用富足的休闲娱乐替代无休止的金钱收益的想法也并没有消失。1930 年，宏观经济学的创始人约翰·梅纳德·凯恩斯（John Maynard Keynes）发表了《我们子孙后代的经济前景》（*Economic Possibilities for Our Grandchildren*）一文，文中设想了 2030 年的世界。他预测，到那时，休闲娱乐将成为国民生活的主要特征，而非工作（Keynes 1932）。他认为大多数人想要的是更多的时间而不是更多的物品。稳态经济在非西方世界得到了支持。最著名的是，圣雄甘地（Mahatma Gandhi）敦促印度不要向现代化的发展轨迹屈服。早在克鲁岑提出"人类世"之前，人们就已经认识到，增长是一种历史和社会学的反常现象，有其既定的适用期。现今，一些对环境问题不太感兴趣的经济学家认为，经济停滞是成功的标志（Vollrath 2020）。

8.6　当前的稳定状态

在不增加自然资源需求的情况下能够获得幸福的第二个原因是许多地方的人要么从未经历过现代增长，要么按照人口数量计算，个人收入、原材料和能源的消耗，已经到了一个接近稳定的状态。南方世界大多没有享受过快节奏、扩张性的经济增长，部分是因为医疗保健的改善促进了人口的快速增长。许多人与他们祖先的生活水平几乎相同，不过他们所在的社区，和全球其他地方一样，贫富差距正在不断扩大，环境也已经退化，城市生活方式正在不断取代农村生活方式。丽贝卡·索尔尼（Rebecca Solnit 2004，2007，2010）和其他学者（Lapierre 1985）对这些社区进行了调查。索尔尼不慌不忙、坚定乐观地颂扬了人类的韧性，并突出了我们在不富裕生活中的收获。

在北方世界，第二次世界大战之后经济高速增长和日益平等的"黄金时代"在 1973 年的经济衰退中结束。经济合作与发展组织（OECD）的 36 个成员"在 20 世纪 50 年代享受着年均 GDP 大于 4% 的增长速度，在 20 世纪 60 年代增长速度接近 5%，而在 20 世纪 70 年代和 80 年代分别为 3% 和 2%"（Marglin and Schor 1990, p. 1）。虽然之后经济增长率有所上升，但 2008 年的崩盘又抹去了大部分增长。目前，许多地方的经济增长率几乎为零，有些地区和阶层甚至正在经历经济衰退。从国家层面讲，"经济停滞"是一个相对的术语，是相比于经济学家所预期的发展趋势而言，正处于一个长期的缓慢增长期，现在许多国家的经济发展都是这一特点。照此定义，世界第三大经济体日本自 1989 年经济泡沫破裂以来一直处于经济停滞状态。经济学家丹尼尔·奥尼尔（Daniel W. O'Neill）利用 16 项生物物理和社会指标对 180 个国家进行了为期 10 年的调查，发现有几个国家的股票和货币稳定（如日本、波兰、罗马尼亚和美国），有 4 个国家正在经历生物物理衰退（德国、圭亚那、摩尔多瓦和津巴布韦）。研究表明，"生物物理稳定性和强大的民主"往往是齐头并进的，而且"维持高水平的社会性能，并不需要持续的（经济）增长"（O'Neill 2015, pp. 1227—1228）。

不仅仅是国家，一些阶层也正处于稳定状态，如美国的工薪阶层。国际货币基金组织（IMF）称，虽然"收入不平等日益扩大是我们这个时代的决定性挑战"，而且"在发达经济体中，富人和穷人之间的差距已达到几十年来的最高水平"，但那些不富裕的人的生活水平并没有提高（Dabla-Norris et al. 2015）。皮尤研究中心（Pew Research Center）的报告称，在美国，"实际平均工资（即扣除通货膨胀因素后的工资）的购买力与 40 年前大致相当"（DeSilver 2018）。在北方世界的几个地区，经济衰退现象也很明显。在大多数发达国家，年轻一代不如他们的父母富裕。2018 年，英国工会代表大会（Trades Union Congress）的研究显示，伦敦和其他一些地方的平均工资比 2008 年经济崩溃前降低了三分之一。

历史学家爱睿思·布洛威（Iris Borowy）和马提亚斯·施梅尔策（Matthias Schmelzer）并不认为当前的经济增长是在沿着一个曲棍球杆形路线或急转弯式（J式）路线发展，即在人类历史的大部分时间停滞，然后突然加速。他们认为当前的"经济体似乎正在过渡到一个更适合用 S 形路线描述的发展趋势，快速加速会逐渐放缓并最终停滞"（Borowy and Schmelzer 2017, pp. 9-10）。他们还认为，"在全球范围内，未来的增长率可能远不及近期的增长率"，因为早期的增长率是由于"特殊且不可复制的环境造成的"（Borowy and Schmelzer 2017, p. 14）。只有像中国这样的发展中国家才有较高的经济增长率，不过目前也正在下降。根据美国政府的报告，到 21 世纪末，如果美国和全球没有重大的环境缓解措施，美国必须做好应对数千亿美元的损失和至少 10% 的 GDP 下降率的准备。2018 年《国家气候评估》（*The National Climate Assessment*）预测，由于野火增加、海平面上升、有毒物质和许多其他环境因素，将有数千人过早死亡（US Global Change Research Program，2018）。

当我们写完这本书时，全球正在经历新冠肺炎（COVID-19）的沉重打击，人类世的环境条件变化很可能导致了这场流行病的开始，也使得流行病的传播速度极快。在恐惧、生命损失和经济混乱中，出现了来之不易的新发现。布鲁诺·拉图尔（Bruno Latour）很快注意到以前认为不可阻挡的"前进的列车"，不仅可以放慢速度，而且可以急刹车。他说："劫后重生后，根据我们的实际需要，可能会建立一种新型经济体系，或者旧的经济会随着权力结构加强而恢复"。与其说这是一种选择，不如说是一个机会（Latour 2020）。

在考虑这种可能性时，重要的是将增长率持平或接近持平的经济体与适应生态的真正稳态经济体区分开来。如上面所述，大多数接近稳定状态的经济体中，人均生态足迹是不可持续的。他们想要的是超过"公平的地球份额"，目前估计每人每年约有 1.4 hm^2[①]的生产用地和 0.5 hm^2 的淡水（生产用地和淡水的总面积除以人口数）。根据奥尼尔的研究（O'Neill 2015），虽然没有一个国家将资源使用稳定在生态限度内，但一些地方（如哥伦比亚和古巴）已接近实现人民幸福、稳定、公平民主和可持续性的平衡。他认为，实现稳态经济，即使是在不可持续的水平，也是朝着去增长的正确方向迈出了一步。人类发展指数综合了预期寿命、教育和人均国内生产总值三项变量，根据联合国 2003 年发布的人类发展指数，古巴实际上成功地创造了一个人们生活过得好，且消费不超过公平地球份额的社会（Wilkinson and Pickett 2009，p. 217）。根据另一项将预期寿命、自述的生活满意度和生态足迹考虑在内的衡量标准，哥斯达黎加位居榜首（Agyeman 2013，p. 14）。这些研究表明，一旦为了自身利益而实现资本主义增长的目标被社会福祉和更大公平的目标所取代，生态和社会可持续性是可以实现的。做出这样的选择，就像为增长做出的选择一样，是一个深思熟虑的行为。地球系统科学家所呼吁的社会价值观的转变、行为变化、新的治理战略、技术创新、去碳化经济和生物圈的增强不会自动出现（Steffen et al. 2018，p. 8252），有其政治意愿。经济学家斯蒂芬·马格林（Stephen Marglin）认为："如凯恩斯所说，并不是说一旦我们拥有的东西'足够了'，就能重新思考社会存在的前提。相反，当我们重新思考现代化的前提时，我们已经有了足够多的东西"（Marglin 2010，p. 222）。

人们也希望在共同努力下，人口增长率以有益的方式下降，而不是通过疾病、饥荒或战争的方式下降。例如，与邻国不同，博茨瓦纳有一个提供计划生育服务、教育和避孕措施的医疗保健项目，甚至在最小的社区都有政府支持的服务站，能

---

① 1 hm^2=10^4 m^2。

够让妇女主宰自己的生育。50 年前，博茨瓦纳妇女人均育有 7 个孩子，"但现在不到 3 个，这是全世界生育率下降最快的国家之一"（Davis 2018）。这些措施改善了产妇健康，给予妇女更多的生育自由，降低了婴儿死亡率。相比之下，根据 2016 年的统计数据，尼日尔的妇女平均生育数量在 7 个以上，尼日利亚的妇女平均生育数量在 5 个以上（World Bank 2019）。考虑到全球人口有望在 2023 年达到 80 亿，博茨瓦纳的例子表明考虑周全、充分资助和非强制性政策可以取得成功，这些政策能改善妇女和儿童的生活。这一证据表明，在生态限制下是有可能过上体面生活的。无论是资源利用还是人口数量，去增长不仅仅意味着更少，更意味着不同，是放慢速度，是更少的物质生活，或是让妇女自己掌控生育（D'Alisa et al. 2014）。

8.7　多学科交叉和多尺度挑战

认为人类在接下来几十年能够渡过难关，应对更多的食物、水、住所和能源需求，同时降低对环境资源影响的最后一个理由来自于我们的知识和创新能力。然而，鉴于我们的困境，通过改变个人选择或新技术是无法找到"解决方案"的。一个政府，无论管理得多么好，也不可能完全具备灵活性或对当地情况的掌控去应对我们面临的、不可预测的、多尺度的挑战。此外，正如政治学者大卫·奥尔（David Orr，2016）所言，可以追踪到的政府在应对长期的复杂紧急情况方面的记录并不令人满意。大型官僚机构缺乏应对不断变化的情况所需的灵活性，他们往往寻求大规模的解决方案，而不是更适当的应对措施。简而言之，目前还没有单一的"解决方案"。

不过，目前人们的认知发生了转变。地球科学和人文科学都变得更加灵活了，且衍生出了多个学科。两个学科都意识到，地球系统和社会系统可独立运行且运行方式相对可预测的全新世时期已经逐渐成为历史。我们正在迅速远离那个"自然以已知的方式围绕一个不变均值变化"的社会，朝着人类更长寿、物质更丰富的线性增长的方向迈进（Norgaard 2013，p. 2）。事实上，在美国和英国，预期寿命都开始下降了，现代化的妄想早已不复存在。

正如我们忽略了自然和社会都是一个概率事件一样，我们也忽略了研究某个现象最好的方法是从经验细节到抽象包容的概念上将它与其他现象分别对待。如生态经济学家理查德·诺尔加德（Richard Norgaard）所观察到的，现代的官僚主义是"一个拥有等级制度的垃圾桶"。在每一个等级上，管理者在与下一级进行沟通之前，都会先简化他们所掌握的关于系统复杂性的信息。这种金字塔式的简化是基于"对自然可分割性的先入为主的观念"（Norgaard 2013，p. 3）。目前，我们对地球系统网络复杂性的理解衍生出了一种同样复杂和网络化的新的社会知识形式。正如罗安清（Anna Tsing，2015）对松茸的网络化、非等级制世界的研究所揭示的，而这种理解方式早已经出现（见第 6 章）。随着整齐嵌套的知识等级被网络化的多尺度知识所取代，权力不再集中在金字塔顶端的中心点了。此时，在全球范围内的清晰可辨的知识，如由人类世工作组统计和理解的知识，会变得至关重要。同样重要的，但对国家和国际机构来说不那么清晰可辨的是地方知识与全球范围内的知识可能不太一致。

这些全球性和地方性的知识，以及许多中间形式的知识之间的关系非常复杂，都需要得到重视。当地社区是我们了解地球变化的前线，当特定的生态系统发生变化时，社区将最先感应并做出反应。喜马拉雅冰川消退时，妇女每次要走 3 mi 路去取水；随着气候变化，英国园丁开始培育热带植物；由于空气污染危及健康，韩国儿童在室内长大；路易斯安那石化工人的癌症发病率奇高；墨西哥土著领袖捍卫森林，他们对自己的生存环境有独特而重要的理解。他们的经验不一定适用于所有地方，但对理解人类世并缓和环境问题来说至关重要。

地方性知识往往与全球性知识截然不同。虽然那些处于财富金字塔顶端、拥有国际中等收入者的人还没有（或很少）接触到人类世带来的挑战，但那些拥有地方知识并接触到地方变化的人已经在遭受苦难，苦难不仅来自环境变化，也来自驱动环境变化的力量。我们必须牢记这些损失：保护土地和森林免受采矿、管道修建、非法伐木和筑坝之害而被杀害的积极人士；报道这些事件而难逃毒手的记者；化学品和废弃物的肆意倾倒；野生动物种群的大范围灭绝。在 21 世纪，每年都有 100 多名土著维权人士被谋害（Holmes 2016；Watts 2018），他们的知识和经验是应对人类世的精髓。

为了支持多学科和多尺度的知识，并根据这些知识采取行动，制度也应变得更加灵活，尺度也更多样化，等级减少。经济学家埃莉诺·奥斯特罗姆（Elinor Ostrom）是仅有的获得诺贝尔经济学奖的两位女性中的一位，她认为"对我们的长期生存而言，制度多样性可能和生物多样性一样重要"（Ostrom 1999，p. 278）。她着眼于小群体，比如能够在生态限度内解决问题的尼泊尔农民，强调是信任使他们取得了成功。她发现，扩大这些平等、信任的社区可能很困难，但并非不可能。在国际层面，如果各国代表之间建立了信任，也可以达成非强制性协议。例如，在 2016 年巴黎联合国气候变化大会（COP21）上达成的《巴黎气候协定》。在幕后，托尼·德·布鲁姆（Tony de Brum，1945—2017）等不遗余力地说服了约 100 个国家加入"雄心联盟"，致力于将地球气温控制在比工业化前高 1.5℃（2.7℉）的水平之内。作为马绍尔岛的政治家——德·布鲁姆本可以站在道德的制高点上，谴责那些对他小时候目睹的核试验以及排放 CO_2 导致海平面上升危及国家安全的责任国，但他却选择用人格力量说服大家，并赢得了盟友。2016 年生效的《巴黎气候协定》就是建立在信任基础上的结果。正如布鲁姆和奥斯特罗姆的研究所表明的那样，人类世伦理要求跨越旧怨，建立新联盟。但我们也必须承认这种信任的脆弱性，自该协议签署以来，除摩洛哥和冈比亚之外，几乎没有国家履行承诺，美国也退出了《巴黎气候协定》（Erickson 2018）。

8.8　结　　论

人类世是真实存在的，这已经得到了科学的证实。社会科学和人文科学已经着手研究：如此多样化的人类是如何共同走入这一困境的。我们也知道，相比于彻底的人类世来说，缓和的人类世需要的是更小的绿色经济、更公平地分配权力和财富的绿色政治，以及拥有更少人口和更多生物多样性的宜居星球。我们也开始理解人类世的哲学挑战。在人类世，人类作为一种新的、前所未有的地质营力，已经催生了一场生存危机。任何关于何为人类的思考都不能忽视：人类是人对地球影响力的总和，这并不意味着要忽视在不同时间、不同地点生活的人，也不是忽视对人类世发展轨迹做出不同贡献和遭受着不平等影响的人。新的生存挑战是全球性的，但我们对它的理解和应对措施将是局部的。这个挑战也是政治性的，我们需要的政治类型是网络化和非等级制的。我们必须意识到，恢复需要通过具有缓冲性、大量多样化的制度来构建。实现这种非强制性协调的唯一方法可能是，通过分散权力和接受多种形式的知识来建立信任。正如宗教学者丽莎·西德里斯（Lisa Sideris）所说的，没有任何一门学科能够回答人在人类世意味着什么。考虑到驱动地球危险转变的阈值、临界点和正反馈环，也没有人知道什么方法会奏效（Sideris 2016，p. 89）。然而，未来不再提供现代化承诺的无限可能性。相反，我们面临的选择非常有限：要么创建一个截然不同的社会去适应新的地球环境，要么继续维持现状，走向险境。

参 考 文 献

Abrams, C. (2015). India's rich have a smaller carbon footprint than rich countries' poor. [Blog] *India Real Time, The Wall Street Journal*: https:// blogs.wsj.com/indiarealtime/2015/12/03/indias-rich-have-a-smaller-carbon-footprint-than-rich-countries-poor.

Agyeman, J. (2013). *Introducing just sustainabilities: Policy, planning, and practice*. London: Zed Books.

Akpan,W. (2005). Putting oil first? Some ethnographic aspects of petroleum-related land use controversies in Nigeria. *African Sociological Review / Revue Africaine de Sociologie*, 9, pp. 134–152.

Aldrich, D. P. (2019). *Black wave: How networks and governance shaped Japan's 3/11 disasters*. University of Chicago Press.

Alexander, P., Brown, C., Arneth, A., Finnigan, J., and Rounsevell, M. D. (2016). Human appropriation of land for food: The role of diet. *Global Environmental Change*, 41, pp. 88–98.

Alizadeh, A., Kouchoukos, N., Wilkinson, T., Bauer, A., and Mashkour, M. (2004). Human–environment interactions on the Upper Khuzestan Plains, Southwest Iran: Recent investigations. *Paléorient*, 30, pp. 69–88.

Angel, R. (2006). Feasibility of cooling the Earth with a cloud of small spacecraft near the inner Lagrange point (L1). *Proceedings of the National Academy of Sciences of the United States of America*, 103, pp. 17184–17189.

Asafu-Adjaye, J., Blomquist, L., Brand, S., et al. (2015). An ecomodernist manifesto: www.ecomodernism.org.

Austin, G. (1996). Mode of production or mode of cultivation: Explaining the failure of European cocoa planters in competition with African farmers in colonial Ghana. In W. Clarence-Smith, ed., *Cocoa pioneer fronts: The role of smallholders, planters and merchants*. New York: St. Martin's Press, pp. 154–175.

Austin, G., ed. (2017). *Economic development and environmental history in the Anthropocene: Perspectives on Asia and Africa*. London: Bloomsbury Academic.

Autin, W. J. and Holbrook, J. M. (2012). Is the Anthropocene an issue of stratigraphy or pop culture? *GSA Today*, 22, pp. 60–61.

Babcock, L. E., Peng, S., Zhu, M., Xiao, S., and Ahlberg, P. (2014). Proposed reassessment of the Cambrian GSSP. *Journal of African Earth Sciences*, 98, pp. 3–10.

Bacon, K. L. and Swindles, G. T. (2016). Could a potential Anthropocene mass extinction define a new geological period? *The Anthropocene Review*, 3, pp. 208–217.

Baichwal, J., de Pencier, N., and Burtynsky, E. (2019). *Anthropocene: The human epoch, the documentary*: https://theanthropocene.org/film.

Bakewell, S. (2011). *How to live, or, A life of Montaigne in one question and twenty attempts at an answer*. New York: Other Press. The Balance. US GDP by year compared to recessions and events: www. thebalance.com/us- gdp-by-year-3305543.

Bar-On, Y. M., Phillips, R., and Milo, R. (2018). The biomass distribution on Earth. *Proceedings of the National Academy of Sciences of the United States of America*, 115, pp. 6506–6511.

Bardeen, C. G., Garcia, R. R., Toon, O. B., and Conley, A. J. (2017). On transient climate change at the Cretaceous–Paleogene boundary due to atmospheric soot injections. *Proceedings of the National Academy of Sciences of the United States of America*, 114, pp. E7415–7424.

Barnosky, A. D. (2008). Megafauna biomass tradeoff as a driver of Quaternary and future extinctions. *Proceedings of the National Academy of Sciences of the United States of America*, 105, pp. 11543–11548.

Barnosky, A. D. (2014). Palaeontological evidence for defining the Anthropocene. In C. N. Waters, J. Zalasiewicz, M. Williams, et al., eds., *A stratigraphical basis for the Anthropocene*. Special Publications, 395. London: Geological Society, pp. 149–165.

Barnosky, A. D. and Hadly, E. (2016). *Tipping point for planet Earth: How close are we to the edge?* London: Thomas Dunne Books.

Barnosky, A. D., Matzke, N., Tomiya, S., et al. (2011). Has the Earth's sixth mass extinction already arrived? *Nature*, 471, pp. 51–57.

Barnosky, A. D., Hadly, E. A., Bascompte, J., et al. (2012). Approaching a state shift in Earth's biosphere. *Nature*, 486, pp. 52–58.

Bartkowski, B. (2014). The world can, in effect, get along without natural resources. [Blog] *The Skeptical Economist*: https://zielonygrzyb.wordpress.com/2014/02/15/the-world-can-in-effect-get-along-without-natural-resources.

Baucom, I. (2020). *History 4° Celsius: Search for a method in the age of the Anthropocene*. Durham: Duke University Press.

Bauer, A. (2013). Impacts of mid-to late-Holocene land use on residual hill geomorphology: A remote sensing and archaeological evaluation of human-related soil erosion in central Karnataka, South India. *The Holocene*, 24, pp. 3–14.

Bauer, A. (2016). Questioning the Anthropocene and its silences: Socioenvironmental history and the climate crisis. *Resilience: A Journal of the Environmental Humanities*, 3, pp. 403–426.

Bauer, A. and Ellis, E. (2018). The Anthropocene divide: Obscuring under-standing of social-environmental change. *Current Anthropology*, 59, pp. 209–227.

Bax, N., Williamson, A., Aguero, M., Gonzalez, E., and Geeves, W. (2003). Marine invasive alien species: A threat to global biodiversity. *Marine Policy*, 27, pp. 313–323.

Beder, S. (2011). Environmental economics and ecological economics: The contribution of interdisciplinarity to understanding, influence and effectiveness. *Environmental Conservation*,

38, pp. 140–150.

Bell, D. and Cheung, Y. eds. (2009). *Introduction to sustainable development*, vol. I. Oxford: EOLSS Publishers.

Bennett, C. E., Thomas, R., Williams, M., et al. (2018). The broiler chicken as a signal of a human reconfigured biosphere. *Royal Society Open Science*, 5, p. 180325: http://dx.doi.org/10.1098/rsos.180325.

Bennett, J. (2010). *Vibrant matter: A political ecology of things*. Durham: Duke University Press.

Berry, E. W. (1925). The term Psychozoic. *Science*, 44, p. 16.

Blanchon, P. and Shaw, J. 1995. Reef drowning during the last deglaciation: Evidence for catastrophic sea level rise and ice-sheet collapse. *Geology*, 23, pp. 4–8.

Blaxter, M. and Sunnucks, P. (2011). Velvet worms. *Current Biology*, 27, pp. R238–240.

Bonaiuti, M. (2014). *The great transition*. London: Routledge.

Borlaug, N. (1970). Norman Borlaug acceptance speech, on the occasion of the award of the Nobel Peace Prize in Oslo, December 10, 1970. The Nobel Prize: www.nobelprize.org/prizes/peace/1970/borlaug/acceptance-speech.

Borowy, I. and Schmelzer, M. (2017). Introduction: The end of economic growth in the long-term perspective. In I. Borowy and M. Schmelzer, eds., *History of the future of economic growth*. Abingdon, Oxon: Routledge, pp. 1–26.

Bostrom, N. (2002). Existential risks: Analyzing human extinction scenarios and related hazards. *Journal of Evolution and Technology*, 9: http:// jetpress.org/volume9/risks.html.

Brand, S. (2009). *Whole Earth discipline: An ecopragmatist manifesto*. New York: Viking Penguin Books.

Breitburg, D., Levin, L. A., Oschlies, A., et al. (2018). Declining oxygen in the global ocean and coastal waters. *Science*, 359, p. 46.

Brocks, J. J., Jarrett, A. J. M., Sirantoine, E., et al. (2017). The rise of algae in Cryogenian oceans and the emergence of animals. *Nature*, 548, pp. 578–581.

Brown, K. (2019). *Manual for survival: A Chernobyl guide to the future*. New York: W. W. Norton & Company.

Brown, P. and Timmerman, P., eds. (2015). *Ecological economics for the anthropocene*. New York: Columbia University Press.

Buffon, G.-L. L. de (2018). *The epochs of nature*. Ed. and trans. J. Zalasiewicz, A.-S. Milon, and M. Zalasiewicz. University of Chicago Press.

Burney, D. A., James, H. F., Grady, F. V., et al. (2001). Fossil evidence for a diverse biota from Kaua'i and its transformation since human arrival. *Ecological Monographs*, 7, pp. 615–641.

Burtynsky, E., Baichwal, J., and de Pencier, N. (2018a). *Anthropocene*.Toronto: Art Gallery of Ontario and Goose Lane Editions.

Burtynsky, E., De Pencier, N. and Baichwal, J. (2018b). The Anthropocene project: https://theanthropocene.org.

Byanyima, W. (2015). Another world is possible, without the 1%. [Blog] *Oxfam International, Inequality and Essential Services Blog Channel*: https://blogs.oxfam.org/en/blogs/15-03-23-another-world-possible-without-1/index.html.

Cadena, M. (2015). *Earth beings: Ecologies of practice across Andean worlds*. Durham: Duke University Press.

Canfield, D. E., Glazer, A. N., and Falkowski, P. G. (2010). The evolution and future of Earth's nitrogen cycle. *Science*, 330, pp. 192–196.

Carey, J. (2016). Core concept: Are we in the "Anthropocene?" *Proceedings of the National Academy of Sciences of the United States of America*, 113, pp. 3908–3909.

Carlyle, T. (1849). Occasional discourse on the Negro question. *Fraser's Magazine for Town and Country*, 40, pp. 670–679.

Carrington, D. (2017). Sixth mass extinction of wildlife also threatens global food supplies. *The Guardian*: www.theguardian.com/environment/2017/sep/26/sixth-mass-extinction-of-wildlife-also-threatens-global-food- supplies.

Carrington, D. (2018a). Global food system is broken, say world's science academies. *The Guardian*: www.theguardian.com/environment/2018/nov/28/global-food-system-is-broken-say-worlds-science-academies?CMP=Share_iOSApp_Other.

Carrington, D. (2018b). Humanity has wiped out 60% of animal populations since 1970, report finds. *The Guardian*: www.theguardian.com/environment/2018/oct/30/humanity-wiped-out-animals-since-1970- major-report-finds.

Casana, J. (2008). Mediterranean valleys revisited: Linking soil erosion, land use and climate variability in the Northern Levant. *Geomorphology*, 101, pp. 429–442.

Ceballos, G., Ehrlich, P. R., Barnosky, A. D., et al. (2015). Accelerated modern human-induced species losses: Entering the sixth mass extinction. *Scientific Advances*, 1, p. e1400253.

Ceballos, G., Ehrlich, P., and Dirzo, R. (2017). Biological annihilation via the ongoing sixth mass extinction signaled by vertebrate population losses and declines. *Proceedings of the National Academy of Sciences of the United States of America*, 114, pp. E6089–6096.

Certini, G. and Scalenghe, R. (2011). Anthropogenic soils are the golden spikes for the Anthropocene. *The Holocene*, 21, pp. 1269–1274.

Chakrabarty, D. (2009). The climate of history: Four theses. *Critical Inquiry*, 35, pp. 197–222.

Chakrabarty, D. (2017). The future of the human sciences in the age of humans: A note. *European Journal of Social Theory*, 20, pp. 39–43.

Chakrabarty, D. (2018). Planetary crises and the difficulty of being modern. *Millennium: Journal of International Studies*, 46, pp. 259–282.

Chatterjee, E. (2020). The Asian Anthropocene: Electricity and fossil fuel developmentalism. *Journal of Asian Studies*, 79(1), pp. 3–24.

Chen, Z.-Q. and Benton, M. J. (2012). The timing and pattern of biotic recovery following the end-Permian mass extinction. *Nature Geoscience*, 5, pp. 375–383.

Cho, R. (2012). Rare earth metals: Will we have enough? [Blog] *State of the Planet, Earth Institute, Columbia University*: https://blogs.ei.columbia. edu/2012/09/19/rare-earth-metals-will-we-have-enough.

Citizens' Climate Lobby (2019). The basics of carbon fee and dividend: https://citizensclimatelobby. org/basics-carbon-fee-dividend.

Clark, P. U., Shakun, J. D., Marcott, S. A., et al. (2016). Consequences of twenty-first-century policy for multi-millennial climate and sea-level change. *Nature Climate Change*, 6, pp. 360–369.

Coen, D. (2018). *Climate in motion: Science, empire, and the problem of scale*. University of Chicago Press.

Cohen, A. S., Coe, A. L., and Kemp, D. B. (2007). The late Paleocene–early Eocene and Toarcian (early Jurassic) carbon isotope excursions: A comparison of their time scales, associated environmental changes, causes and consequences. *Journal of the Geological Society*, 164, pp. 1093–1108.

Conolly, J., Manning, K., Colledge, S., Dobney, K., and Shennan, S. (2012). Species distribution modelling of ancient cattle from early Neolithic sites in SW Asia and Europe. *The Holocene*, 22, pp. 997–1010.

Coole, D. and Frost, S. (2010). *New materialisms: Ontology, agency, and politics*. Durham: Duke University Press.

Corlett, R. T. (2015). The Anthropocene concept in ecology and conservation. *Trends in Ecology and Evolution*, 30, pp. 36–41.

Costanza, R. and Daly, H. (1992). Natural capital and sustainable development. *Conservation Biology*, 6, pp. 37–46.

Costanza, R., d'Arge, R., de Groot, R., et al. (1997).The value of the world's ecosystem services and natural capital. *Nature*, 387, pp. 253–260.

Costanza, R., Norgaard, R., Daly, H., Goodland, R., and Cumberland, J., eds. (2007). *The encyclopedia of Earth*, ch. 2: An introduction to ecological economics: http://editors.eol.org/ eoearth/wiki/ An_Introduction_to_Ecological_Economics:_Chapter_2.

Creutzig, F., Baiocchi, G., Bierkandt, R., Pichler, P.-P., and Seto, K. C. (2014). Global typology of urban energy use and potentials for an urbanization mitigation wedge. *Proceedings of the National Academy of Sciences of the United States of America*, 112, pp. 6283–6288.

Cronon, W. (1992). A place for stories: Nature, history, and narrative. *The Journal of American History*, 78, pp. 1347–1376.

Crosby, A. (1972). *The Columbian exchange: Biological and cultural consequences of 1492*. Westport, Conn.: Greenwood Press.

Crosby, A. (1986). *Ecological imperialism: The biological expansion of Europe, 900–1900*. Cambridge University Press.

Crowe, A. A., Dossing, L., Beukes, N. J., et al. (2013). Atmospheric oxygenation three billion years ago. *Nature*, 501, pp. 535–538.

Cruikshank, J. (2005). *Do glaciers listen? Local knowledge, colonial encounters & social imagination.* Vancouver: UBC Press.

Crutzen, P. J. (2002). Geology of mankind. *Nature*, 415, p. 23.

Crutzen, P. J. (2006). Albedo enhancement by stratospheric sulfur injections: A contribution to resolve a policy dilemma? *Climatic Change*, 77, pp. 211–220.

Crutzen, P. J. and Stoermer, E. (2000). Anthropocene. *IGBP* [*International Geosphere–Biosphere Programme*] *Newsletter*, 41, pp. 17–18.

Cushing, L., Morello-Frosch, R., Wander, M., and Pastor, M. (2015). The haves, the have-nots, and the health of everyone: The relationship between social inequality and environmental quality. *Annual Review of Public Health*, 36, pp. 193–209.

Dabla-Norris, E., Kochhar, K., Suphaphiphat, N., Ricka, F., and Trounta, E. (2015). Causes and consequences of income inequality: A global perspective. *IMF Staff Discussion Notes* [online], SDN/15/13. Washington, DC: International Monetary Fund.

Daily, J. (2018). Ancient humans weathered the Toba Supervolcano just fine. *Smithsonian.com*: www.smithsonianmag.com/smart-news/ ancient-humans-weathered-toba-supervolcano-just-fine-180968479.

D'Alisa, G., Demaria, F., and Kallis, G., eds. (2014). *Degrowth: A vocabulary for a new era.* New York: Routledge.

Daly, H., ed. (1973). *Toward a steady-state economy.* San Francisco: W. H. Freeman.

Daly, H. (1977). *Steady-state economics:The economics of biophysical equilibrium and moral growth.* San Francisco: W. H. Freeman.

Davenport, C. (2018). Major climate report describes a strong risk of crisis as early as 2040. *The New York Times*: http://nytimes.com/2018/10/07/ climate/ipcc-climate-report-2040.html.

Davies, N. S. and Gibling, M. R. (2010). Cambrian to Devonian evolution of alluvial systems: The sedimentological impact of the earliest land plants. *Earth Science Reviews*, 98, pp. 171–200.

Davies, N. S. and Gibling, M. R. (2013). The sedimentary record of Carboniferous rivers: Continuing influence of land plant evolution on alluvial processes and Palaeozoic ecosystems. *Earth Science Reviews*, 120, pp. 40–79.

Davis, L. W. and Gertler, P. J. (2015). Contribution of air conditioning adoption to future energy use under global warming. *Proceedings of the National Academy of Sciences of the United States of America*, 112, pp. 5962–5967.

Davis, M. (2001). *Late Victorian holocausts.* London: Verso.

Davis, N. (2018). How to grapple with soaring world population? An answer from Botswana. *The Guardian*: www.theguardian.com/world/2018/oct/10/how-to-grapple-with-soaring-world-population-an-answer- from-down-south.

de Vrieze, J. (2017). Bruno Latour, a veteran of the "science wars", has a new mission. *Science*: www.sciencemag.org/news/2017/10/ bruno-latour-veteran-science-wars-has-new-mission.

Descola, P. (2013). *Beyond nature and culture.* University of Chicago Press.

DeSilver, D. (2018). For most U.S. workers, real wages have barely budged in decades. [Blog] Fact Tank, Pew Research Center: www. pewresearch.org/fact-tank/2018/08/07/for-most-us-workers-real-wages-have-barely-budged-for-decades.

Dietz, R. and O'Neill, D. (2013). *Enough is enough: Building a sustainable economy in a world of finite resources*. London: Routledge.

Dorling, D. (2017a). Is inequality bad for the environment? *The Guardian*: www.theguardian.com/inequality/2017/jul/04/is-inequality-bad-for- the-environment.

Dorling, D. (2017b). *The equality effect*. Oxford: New Internationalist.

Dowsett, H., Robinson, M., Stoll, D., et al. (2013). The PRISM (Pliocene palaeoclimate) reconstruction: Time for a paradigm shift. *Philosophical Transactions of the Royal Society A: Mathematical, Physical and Engineering Sciences*, 371, p. 20120524.

Dutton, A. and Lambeck, K. 2012. Ice volume and sea level during the last interglacial. *Science*, 337, pp. 216–219.

Edgeworth, M. (2014).The relationship between archaeological stratigraphy and artificial ground and its significance to the Anthropocene. In C. N. Waters, J. Zalasiewicz, M. Williams, et al., eds., *A stratigraphical basis for the Anthropocene*. Special Publications, 395. London: Geological Society, pp. 91–108.

Edwards, M. (2016). Sea life (pelagic) systems. In T. P. Letcher, ed., *Climate change: Observed impacts on planet Earth* (2nd edn.). Amsterdam and Oxford: Elsevier, pp. 167–182.

Edwards, P. (2010). *A vast machine: Computer models, climate data, and the politics of global warming*. Cambridge, Mass.: MIT Press.

Ellis, E. C. (2015). Ecology in an anthropogenic biosphere. *Ecological Monographs*, 85, pp. 287–331.

Ellis, E. C. and Ramankutty, N. (2008). Putting people in the map: Anthropogenic biomes of the world. *Frontiers in Ecology and the Environment*, 6, pp. 439–447, DOI: 10.1890/070062.

Elsig, J., Schmitt, J., Leuenberger, D., et al. (2009). Stable isotope constraints on Holocene carbon cycle changes from an Antarctic ice core. *Nature*, 461, pp. 507–510.

EPICA Community Members. (2006). One-to-one coupling of glacial climate variability in Greenland and Antarctica. *Nature*, 444, pp. 195–198.

Erickson, A. (2018). Few countries are meeting the Paris climate goals. Here are the ones that are. *The Washington Post*: www.washingtonpost.com/world/2018/10/11/few-countries-are-meeting-paris-climate-goals-here-are-ones-that-are.

Eriksen,T. (2016). *Overheating:An anthropology of accelerated change*. London: Pluto Press.

Eriksen, T. (2017). *What is anthropology?* (2nd edn.). London: Pluto Press.

Fagan, B. (2001). *The Little Ice Age: How climate made history 1300–1850*. New York: Basic Books.

Feldman, D. R., Collins, W. D., Gero, P. J., et al. (2015). Observational determination of surface radiative forcing by CO_2 from 2000 to 2010. *Nature*, 519, pp. 339–343.

Figueroa, A. (2017). *Economics of the Anthropocene age*. New York: Palgrave Macmillan.

Filippelli, G. M. (2002). The global phosphorus cycle: past, present, and future. *Elements*, 4, pp. 89–95.

Filkins, D. (2008). *The forever war*. New York: Knopf.

Finney, S. C. and Edwards, L. E. (2016). The "Anthropocene" epoch: Scientific decision or political statement? *GSA Today*, 26, pp. 4–10.

Fourcade, M., Ollion, E., and Algan, Y. (2015). The superiority of economists. *Journal of Economic Perspectives*, 29, pp. 89–114.

Fowler, C. (2017). *Seeds on ice: Svalbard and the Global Seed Vault*. Westport, Conn.: Prospecta.

Frank, A. (2018). www.liebertpub.com/doi/10.1089/ast.2017.1671.

Frank, A., Albert, M., and Kleidon, A. (2017). Earth as a hybrid planet: The Anthropocene in an evolutionary astrobiological context: https://arxiv. org/ftp/arxiv/papers/1708/1708.08121.pdf.

Frank, A., Carroll-Nellenback, J., Alberti, M., and Kleidon, A. (2018). The Anthropocene generalized: Evolution of exo-civilizations and their planetary feedback. *Astrobiology*, 18, pp. 503–518.

Fuentes, A. (2010). Naturalcultural encounters in Bali: Monkeys, temples, tourists, and ethnoprimatology. *Cultural Anthropology*, 25, pp. 600–624.

Fukuoka, M. (1978). *The one-straw revolution: An introduction to natural farming*. Emmaus, Pa.: Rodale Press.

Fuller, D., van Etten, J., Manning, K., et al. (2011). The contribution of rice agriculture and livestock pastoralism to prehistoric methane levels. *The Holocene*, 21, pp. 743–759.

Galloway, J. N., Leach, A. M., Bleeker, and Erisman, J. W. (2013). A chronology of human understanding of the nitrogen cycle. *Philosophical Transactions of the Royal Society of London. Series B, Biological Sciences*, 368(1621), 20130120. DOI: 10.1098/rstb.2013.0120.

Galuszka, A. and Wagreich, M. (2019). Metals. In J. Zalasiewicz, C. Waters, M.Williams, and C. Summerhayes, eds., *The Anthropocene as a geological time unit*. Cambridge University Press, pp. 178–186.

Ganopolski, A., Winkelmann, R., and Schellnhuber, H. J. (2016). Critical insolation – CO_2 relation for diagnosing past and future glacial inception. *Nature*, 529, pp. 200–203.

Gervais, P. (1867–1869). *Zoologie et paleontology générales: nouvelles recherches sur les animaux vertébrés et fossiles*. Paris.

Geyer, R., Jambeck, J. R., and Lavender Law, K. (2017). Production, use, and fate of all plastics ever made. *Science Advances*, 3, p. E1700782.

Ghosh, A. (2016). *The great derangement: Climate change and the unthinkable*. University of Chicago Press.

Gibbard, P. and Head, M. (2010). The newly-ratified definition of the Quaternary System/Period and redefinition of the Pleistocene Series/ Epoch, and comparison of proposals advanced prior to formal ratification. *Episodes*, 33, pp. 152–158.

Gibbard, P. L. and Walker, M. J. C. (2014). The term "Anthropocene" in the context of formal geological classification. In C. N. Waters, J. A. Zalasiewicz, M. Williams, et al., eds., *A stratigraphical basis for the Anthropocene.* Special Publications, 395. London: Geological Society, pp. 29–37.

Giddens, A. (2009). *The politics of climate change.* Cambridge: Polity.

Glikson, A. (2013). Fire and human evolution: The deep-time blueprints of the Anthropocene. *Anthropocene*, 3, pp. 89–92.

Global Footprint Network (n.d.). *Ecological Footprint*: Global Footprint Network. www. footprintnetwork.org/our-work/ecological-footprint.

Gorz, A. (1980). *Ecology as politics.* Boston: South End Press.

Goulson, D. (2013). *A sting in the tale: My adventures with bumblebees.* New York: Picador.

Gowlett, J. (2016). The discovery of fire by humans: A long and convoluted process. *Philosophical Transactions of the Royal Society B: Biological Sciences*, 371, p. 20150164.

Grinevald, J. (2007). *La Biosphère de l'Anthropocène: climat et pétrole, la double menace. Repères transdisciplinaires (1824–2007).* Geneva, Switzerland: Georg / Éditions Médecine & Hygiène.

Grinevald, J., McNeill, J., Oreskes, N., Steffen, W., Summerhayes, C., and Zalasiewicz, J. (2019). History of the Anthropocene concept. In J. Zalasiewicz, C. Waters, M. Williams, and C. Summerhayes, eds., *The Anthropocene as a geological time unit.* Cambridge University Press, pp. 4–11.

Griscom, B. W., Adams, J., Ellis, P. W., et al. (2017). Natural climate solutions. *Proceedings of the National Academy of Sciences*, 114(44), pp. 11645–11650.

Gueye,M.(2016).Five facts you should know about green jobs in Africa.[Blog] Green Growth Knowledge Platform: www.greengrowthknowledge.org/blog/five-facts-you-should-know-about-green-jobs-africa.

Guha, R. (2000 [1989]). *The unquiet woods: Ecological change and peasant resistance in the Himalaya.* Berkeley: University of California Press.

Gutjahr, M., Ridgwell, A., Sexton, P. F., et al. (2017). Very large release of mostly volcanic carbon during the Paleocene–Eocene Thermal Maximum. *Nature*, 548, pp. 573–577.

Haff, P. K. (2012). Technology and human purpose: The problem of solids transport on the Earth's surface. *Earth System Dynamics*, 3, pp. 149–156.

Haff, P. K. (2014). Technology as a geological phenomenon: Implications for human wellbeing. In C. N. Waters, J. A. Zalasiewicz, M. Williams, et al., eds., *A stratigraphical basis for the Anthropocene.* Special Publications, 395. London: Geological Society, pp. 301–309.

Haff, P. K. (2019). The technosphere and its relation to the Anthropocene. In J. Zalasiewicz, C. Waters, M. Williams, and C. Summerhayes, eds., *The Anthropocene as a geological time unit.* Cambridge University Press, pp. 138–143.

Hamann, M., Berry, K., Chaigneau, T., et al. (2018). Inequality and the biosphere. *Annual Review of Environment and Resources*, 43, pp. 61–83.

Hamilton, C. (2013). *Earthmasters:The dawn of the age of climate engineering.* New Haven: Yale University Press.

Hamilton, C. (2015a). Getting the Anthropocene so wrong. *Anthropocene Review*, 2, pp. 102–107.

Hamilton, C. (2015b). Human destiny in the Anthropocene. In C. Hamilton, C. Bonneuil, and F. Gemenne, eds., *The Anthropocene and the global environmental crisis: Rethinking modernity in a new epoch*. New York: Routledge.

Hamilton, C. (2016). Anthropocene as rupture. *Anthropocene Review*, 3, pp. 93–106.

Hamilton, C. and Grinevald, J. (2015). Was the Anthropocene anticipated? *Anthropocene Review*, 2, pp. 59–72.

Hansen, P. H. (2013). *The summits of modern man: Mountaineering after the Enlightenment*. Cambridge, Mass.: Harvard University Press.

Haraway, D. (2003). *The companion species manifesto: Dogs, people, and significant otherness*. Chicago: Prickly Paradigm Press.

Hardin, G. (1968). The tragedy of the commons. *Science*, 162, pp. 1243–1248.

Haslam, M., Clarkson, C., Petraglia, M., et al. (2010).The 74 ka Toba supereruption and southern Indian hominins: archaeology, lithic technology and environments at Jwalapuram Locality 3. *Journal of Archaeological Science*, 37, pp. 3370–3384.

Hasper, M. (2009). Green technology in developing countries: Creating accessibility through a global exchange forum. *Duke Law and Technology Review*, 7, pp. 1–14.

Haug, G. H., Ganopolski, A., Sigman, D. M., et al. (2005). North Pacific seasonality and the glaciation of North America 2.7 million years ago. *Nature*, 433, pp. 821–825.

Haughton, S. (1865). *Manual of Geology*. Dublin and London: Longman & Co.

Hawking, S. and Mlodinow, L. (2013). The (elusive) theory of everything. *Scientific American*, 22, pp. 90–93.

Hazen, R. M., Papineau, D., Bleeker, W., et al. (2008). Mineral evolution. *American Mineralogist*, 93, pp. 1639–1720.

Hazen, R. M., Grew, E. S., Origlieri, M. J., and Downs, R. T. (2017). On the mineralogy of the "Anthropocene Epoch." *American Mineralogist*, 102, pp. 595–611.

Hecht, G. (2018). Interscalar vehicles for an African Anthropocene: On waste, temporality, and violence. *Cultural Anthropology*, 33, pp. 109–141.

Heilbroner, R. (1974). *An inquiry into the human prospect*. New York: W. W. Norton.

Heise, U. (2016). *Imagining extinction: The cultural meanings of endangered species*. University of Chicago Press.

Heron, S. F., Maynard, J. A., van Hooidonk, R., and Eakin, C. M. (2016). Warming stress and bleaching trends of the world's coral reefs 1985–2012. *Scientific Reports*, 6, p. 38402.

Hickel, J. (2018). *The divide: Global inequality from conquest to free markets*. New York: W. W. Norton.

Higgs, K. (2014). *Collision course: Endless growth on a finite planet*. Cambridge, Mass.: MIT Press.

Himson, S., Kinsey, N. P., Aldridge, D. C., Williams, M., and Zalasiewicz, J. (2020). Invasive mollusk faunas of the River Thames exemplify potential biostratigraphic characterization of the

Anthropocene. *Lethaia*, 53, pp. 267–279.

Hodgkiss, M. S. W., Crockford, P. W., Peng, Y., Wing, B. A., and Horner, T. J. (2019). A productivity collapse to end Earth's Great Oxidation. *Proceedings of the National Academy of Sciences of the United States of America*, 116, pp. 17207–17212.

Hofreiter, M. and Stewart, J. (2009). Ecological change, range fluctuations and population dynamics during the Pleistocene. *Current Biology*, 19(14), pp. R584–594.

Holmes, O.(2016). Environmental activist murders set record as 2015 became deadliest year. *The Guardian*: www.theguardian.com/environment/2016/jun/20/environmental-activist-murders-global-witness-report.

Holtgrieve, G. W., Schindler, D. E., Hobbs, W. O., et al. (2011). A coherent signature of anthropogenic nitrogen deposition to remote watersheds of the northern hemisphere. *Science*, 334, pp. 1545–1548.

Homann, M., Sansjofre, P., Van Zuilen, M., et al. 2018. Microbial life and biogeochemical cycling on land 3220 million years ago. *Nature Geoscience*, 11, pp. 665–671.

Hren, S. (2011). *Tales from the sustainable Underground: A wild journey with people who care more about the planet than the law*. Gabriola Island, Canada: New Society Publishers, Limited.

Hughes, T. P., Anderson, K. D., and Connolly, S. R. (2018). Spatial and temporal patterns of mass bleaching of corals in the Anthropocene. *Science*, 359, pp. 80–83.

Hutton, J. (1899 [1795]). *Theory of the Earth with Proofs and Illustrations (in Four Parts)*, vols. I–II, Edinburgh, 1795; London: Geological Society, 1899.

Ingold, T. (2018). *Anthropology:Why it matters*. Cambridge: Polity.

International Energy Agency. (2017). Energy Access Database: www.iea.org/ energyaccess/database.

IPCC (2013). Summary for policymakers. In [T. F. Stocker, D. Qin, G.-K. Plattner, et al., eds.,] *Climate change 2013: The physical science basis*. Contribution of Working Group I to the Fifth Assessment Report of the Intergovernmental Panel on Climate Change. Cambridge and New York: Cambridge University Press.

IPCC. (2018). Summary for policymakers. In V. Masson-Delmotte, P. Zhai, H. Pörtner, et al., eds., *Global warming of 1.5 °C: An IPCC Special Report on the impacts of global warming of 1.5 °C above pre-industrial levels and related global greenhouse gas emission pathways, in the context of strengthening the global response to the threat of climate change, sustainable development, and efforts to eradicate poverty*. Geneva: World Meteorological Organization: www.ipcc.ch/site/ assets/uploads/ sites/2/2018/07/SR15_SPM_version_stand_alone_LR.pdf.

Jackson, S. (2019). Humboldt for the Anthropocene. *Science*, 365, pp. 1074–1076.

Jackson, T. (2009). *Prosperity without growth? The transition to a sustainable economy*. London: Sustainable Development Commission: https:// research-repository.st-andrews.ac.uk/bitstream/ handle/10023/2163/ sdc-2009-pwg.pdf?seq.

Jagoutz, O., Macdonald, F. A., and Royden, L. (2016). Low-latitude arc-continent collision as a driver for global cooling. *Proceedings of the National Academy of Sciences of the United States of*

America, 113, pp. 4935–4940.

Jansson, A., Hammer, M., Folke, C., and Costanza, R., eds. (1994). *Investing in natural capital: The ecological economics approach to sustainability*. Washington, DC: Island Press.

Jenkyn, T. W. (1854a). Lessons in Geology ⅩⅬⅤI. Chapter Ⅳ. On the effects of organic agents on the Earth's crust. *Popular Educator*, 4, pp. 139–141.

Jenkyn, T. W. (1854b). Lessons in Geology ⅩⅬIⅩ. Chapter Ⅴ. On the classification of rocks section Ⅳ. On the tertiaries. *Popular Educator*, 4, pp. 312–316.

Jensenius, A. (2012). Disciplinarities: intra, cross, multi, inter, trans. [Blog] Alexander Refsum Jensenius: www.arj.no/2012/03/12/disciplinarities-2.

Jordan, B. (2016). *Advancing ethnography in corporate environments: Challenges and emerging opportunities*. London: Routledge.

Kahn, M. E. (2010). *Climatopolis: How our cities will thrive in the hotter future*. New York: Basic Books.

Keith, D. (2019). Let's talk about geoengineering. Project Syndicate: www.project-syndicate.org/commentary/solar-geoengineering-global- climate-debate-by-david-keith-2019-03.

Kemp, D. B., Coe, A. L., Cohen, A. S., and Schwark, L. (2005). Astronomical pacing of methane release in the Early Jurassic Period. *Nature*, 437, pp. 396–399.

Kennedy, C. M., Oakleaf, J. R., Theobald, D. M., Baruch-Mordo, S., and Kiesecker, J. (2019). Managing the middle: A shift in conservation priorities based on the global human modification gradient. *Global Change Biology*, 25, pp. 811–826.

Kenner, D. (2015). *Inequality of overconsumption:The ecological footprint of the richest*. GSI Working Paper 2015/2. Cambridge: Global Sustainability Institute, Anglia Ruskin University.

Ketcham, C. (2017). The fallacy of endless economic growth. *Pacific Standard*: https: //psmag.com/magazine/fallacy-of-endless-growth.

Keynes, J. M. (1932). Economic possibilities for our grandchildren. In *Essays in persuasion*. New York: Harcourt Brace, pp. 358–373.

Kingsnorth, P. (2017). *Confessions of a recovering environmentalist*. London: Faber & Faber.

Kingsolver, B. (2007). *Animal, vegetable, miracle: A year of food life*. New York: Harper Perennial.

Kirksey, S., and Helmreich, S. (2010). The emergence of multispecies ethnography. *Cultural Anthropology*, 25, pp. 545–576.

Klein, N. (2015). *This changes everything: Capitalism vs. the climate*. New York: Penguin.

Knoll, A. H., Walter, M. R., Narbonne, G. M., and Christie-Blick, M. (2006). The Ediacaran Period: A new addition to the geological time scale. *Lethaia*, 39, pp. 13–30.

Kohn, E. (2013). *How forests think:Toward an anthropology beyond the human*. Berkeley: University of California Press.

Konrad, H., Shepherd, A., Gilbert, L., et al. (2018). Net retreat of Antarctic glacier grounding lines. *Nature Geoscience*, 11, pp. 258–262.

Kopp, R., Kirschvink, J., Hilburn, I., and Nash, C. (2005). The Paleoproterozoic snowball Earth: A climate disaster triggered by the evolution of oxygenic photosynthesis. *Proceedings of the National Academy of Sciences of the United States of America*, 102, pp. 11131–11136.

Kramnick, J. (2017). The interdisciplinary fallacy. *Representations*, 140, pp. 67–83.

Krugman, P. (2013). Gambling with civilization [review of *The climate casino: Risk, uncertainty, and economics in a warming world* by W. D. Nordhaus]. *The New York Review of Books*: www.nybooks.com/articles/2013/11/07/ climate-change-gambling-civilization.

Kurt, D. (2019). Are you in the world's top 1 percent? [Blog] Investopedia: www.investopedia.com/articles/personal-finance/050615/are-you-top-one-percent-world.asp.

Lambeck, K., Rouby, H., Purcell, A., Sun, Y., and Sambridge, M. (2014). Sea level and global ice volumes from the Last Glacial Maximum to the Holocene. *Proceedings of the National Academy of Sciences of the United States of America*, 111, pp. 15296–15303.

Lane, L., Caldeira, K., Chatfield, R., and Langhoff, S. (2007). Workshop report on managing solar radiation. [online] NASA/CP-2007-214558: https://ntrs.nasa.gov/archive/nasa/casi.ntrs.nasa.gov/20070031204.pdf.

Langston, N. (2010). *Toxic bodies: Hormone disruptors and the legacy of DES*. New Haven: Yale University Press.

Lapierre, D. (1985). *City of joy*. Garden City: Doubleday.

Latouche, S. (2012). *Farewell to growth*. Cambridge: Polity.

Latour, B. (1987). *Science in action: How to follow scientists and engineers through society*. Cambridge, Mass.: Harvard University Press.

Latour, B. (1993). *We have never been modern*. New York: Harvester Wheatsheaf.

Latour, B. (2000). *Pandora's hope: Essays on the reality of science studies*. Cambridge, Mass.: Harvard University Press.

Latour, B. (2017). Anthropology at the time of the Anthropocene: A personal view of what is to be studied. In M. Brightman and J. Lewis, eds., *The anthropology of sustainability: Beyond development and progress*. London: Palgrave Macmillan.

Latour, B. (2020). Imaginer les gestes-barrières contre le retouràla production d'avant-crise, https://aoc.media/opinion/2020/03/29/imaginer-les-gestes-barrieres-contre-le-retour-a-la-production-davantcrise.

Lenton, T. (2016). *Earth System science: A very short introduction*. Oxford University Press.

Lepczyk, C. A., Aronson, M. F. J., Evans, K. L., Goddard, M. A., Lerman, S. B., and Macivor, J. S. (2017). Biodiversity in the city: Fundamental questions for understanding the ecology of urban spaces for biodiversity conservation. *BioScience*, 67, pp. 799–807.

Letcher, T. M., ed. (2016). *Climate change: Observed impacts on planet Earth* (2nd edn.). Amsterdam and Oxford: Elsevier.

Levit, G. (2002). The biosphere and the noosphere theories of V. I. Vernadsky and P. Teilhard de Chardin: A methodological essay. *Archives Internationales d'histoire des sciences*, 50/2000: https://web.archive.org/web/20050517081543/http://www2.uni-jena.de/biologie/ehh/personal/

glevit/Teilhard.pdf.

Lewis, S. L. and Maslin, M. A. (2015). Defining the Anthropocene. *Nature*, 519, pp. 171–180.

Lightman, A. (2013). *The accidental universe:The world you thought you knew*. New York: Vintage Books.

Lisiecki, L., and Raymo, M. E. (2005). A Pliocene–Pleistocene stack of 57 globally distributed benthic $\delta^{18}O$ records. *Paleoceanography*, 20, p. PA1003, DOI: 10.1029/2004PA001071.

Liu, H. (2016).The dark side of renewable energy. Earth Journalism Network: https://earthjournalism. net/stories/the-dark-sideof-renewable-energy.

Loss, S. R., Will, T., and Marra, P. P. (2013). The impact of free-ranging domestic cats on wildlife of the United States. *Nature Communications*, 4, p. 1396(2013).

Lubick, N. (2010). Giant eruption cut down to size. *Science*: www.sciencemag.org/news/2010/11/ giant-eruption-cut-down-size.

Lynas, M. (2011). *The god species: Saving the planet in the age of humans*. New York: Fourth Estate.

Macleod, N. (2014). Historical inquiry as a distributed, nomothetic, evolutionary discipline. *The American Historical Review*, 119, pp. 1608–1620.

Malm, A. (2016). *Fossil capital: The rise of steam power and the roots of global warming*. London: Verso Books.

Malm, A. and Hornborg, A. (2014). The geology of mankind? A critique of the Anthropocene narrative. *Anthropocene Review*, 1, pp. 62–69.

Mann, M. and Toles, T. (2016). *The madhouse effect: How climate change denial is threatening our planet*. New York: Columbia University Press.

Mann, M. E., Miller, S. K., Rahmstorf, S., et al. (2017). Record temperature streak bears anthropogenic fingerprint. *Geophysical Research Letters*, 44, DOI: 10.1002/2017GL074056.

Marglin, S. (2010). *The dismal science: How thinking like an economist undermines community*. Cambridge, Mass.: Harvard University Press.

Marglin, S. (2013). Premises for a new economy. *Development*, 56, pp. 149–154.

Marglin, S. (2017). A post-modern economics? Unpublished paper for the workshop "Rethinking Economic History in the Anthropocene", Boston College, March 23–25, 2017.

Marglin, S. and Schor, J. (1990). *The golden age of capitalism: Reinterpreting in postwar experience*. Oxford: Clarendon Press.

Margulis, L. and Sagan, D. (1986). *Microcosmos: Four billion years of microbial evolution*. Berkeley: University of California Press.

Marsh, G. P. (1864). *Man and Nature; Or, Physical Geography as Modified by Human Action*. New York: Charles Scribner (reprinted: ed. D. Lowenthal, Cambridge, Mass.: Belknap Press / Harvard University Press, 1965).

Marsh, G. P. (1874). *The Earth as Modified by Human Action: A New Edition of "Man and Nature"*. New York: Charles Scribner; Armstrong & Co.

Martinez-Alier, J. (2002). *The environmentalism of the poor: A study of ecological conflicts and valuation*. Cheltenham and Northampton, Mass.: Edward Elgar Publishers.

Mathesius, S., Hofmann, M., Caldeira, K., and Schellnhuber, H. (2015). Long-term response of oceans to carbon dioxide removal from the atmosphere. *Nature Climate Change*, 5, pp. 1107–1113.

McCarthy, C. (2006). *The road*. New York: Vintage International.

McGlade, C. and Ekins, P. (2015). The geographical distribution of fossil fuels unused when limiting global warming to 2 °C. *Nature*, 517, pp. 187–190.

McKibben, B. (2010). *Eaarth: Making a life on a tough new planet*. New York: Henry Holt & Company.

McKie, R. (2018). Portrait of a planet on the verge of climate catastrophe. *The Guardian*: www.theguardian.com/environment/2018/dec/02/ world-verge-climate-catastophe.

McNeely, J. (2001). Invasive species: A costly catastrophe for native biodiversity. *Land Use and Water Resources Research*, 1, pp. 1–10.

McNeill, J. R. (2000). *Something new under the sun: An environmental history of the twentieth-century world*. New York: W. W. Norton & Co.

McNeill, J. R. and Engelke, P. (2016). *The great acceleration: An environmental history of the Anthropocene since 1945*. Cambridge, Mass.: Belknap / Harvard University Press.

McNeill, J. R. and McNeill, W. (2003). *The human web: A bird's-eye view of world history*. New York: W. W. Norton & Co.

Meadows, D., Meadows, D., Randers, J., and Behrens, W., III. (1972). *The limits to growth*. Washington, DC: Potomac Associates.

Meadows, D., Randers, J., and Meadows, D. (2004). *Limits to growth: The 30-year update*. White River Junction, Vermont: Chelsea Green Publishing.

Meybeck, M. (2003). Global analysis of river systems: From Earth System controls to Anthropocene syndromes. *Philosophical Transactions of the Royal Society*, B358, pp. 1935–1955.

Mill, J. (1965 [1948]). Influence of the progress of society on production and distribution. In J. Robson, ed., *Collected works of John Stuart Mill*, vol. III: *The principles of political economy with some of their applications to social philosophy*. Toronto: Routledge & Kegan Paul, pp. 705–757.

Millennium Ecosystem Assessment. (2005a). *Ecosystems & human well-being: Synthesis*. Washington, DC: Island Press: www.millenniumassessment. org/documents/document.356.aspx.pdf.

Millennium Ecosystem Assessment. (2005b). Overview of the Milliennium [*sic*] Ecosystem Assessment: www.millenniumassessment.org/en/About. html.

Miller, G. H., Gogel, M. L., Magee, J. W., Gagan, M. K., Clarke, S. J., and Johnson, B. J. (2005). Ecosystem collapse in Pleistocene Australia and a human role in megafaunal extinction. *Science*, 309, pp. 287–290.

Minx, J. (2018). How can climate policy stay on top of a growing mountain of data? *The Guardian*: www.theguardian.com/science/political-science/2018/jun/12/how-can-climate-policy-stay-on-top-of-a- growing-mountain-of-data.

Mitchell, T. (1998). Fixing the economy. *Cultural Studies*, 12, pp. 82–101.

Mithen, S. (1996). *The prehistory of the mind: A search for the origins of art, religion, and science.* London: Thames and Hudson.

Mithen, S. (2007). *The singing Neanderthals: The origins of music, language, mind and body.* Cambridge, Mass.: Harvard University Press.

Miyazaki, H. (2014). *Turning point.* Viz Media.

Mol, A. (2002). *The body multiple: Ontology in medical practice.* Durham: Duke University Press.

Mooney, H., Duraiappah, A., and Larigauderie, A. (2013). Evolution of natural and social science interactions in global change research programs. *Proceedings of the National Academy of Sciences of the United States of America*, 110(Supplement 1), pp. 3665–3672.

Moore, J. (2015). *Capitalism in the web of life: Ecology and the accumulation of capital.* New York: Verso Books.

Mora, C., Tittensor, D., Adl, S., Simpson, A., and Worm, B. (2011). How many species are there on Earth and in the ocean? *PLoS Biology*, 9, p. e1001127.

Mora, C., Dousset, B., Caldwell, I. R., et al. (2017). Global risk of deadly heat. *Nature Climate Change*, 7, pp. 501–506.

Morera-Brenes, B., Monge-Nájera, J., Carrera Mora, P. (2019). The conservation status of Costa Rican velvet worms (Onychophora): geographic pattern, risk assessment and comparison with New Zealand velvet worms. *UNED Research Journal*, 11, pp. 272–282.

Morrison, K. (2009). *Daroji Valley: Landscape history, place, and the making of a dryland reservoir system.* New Delhi: American Institute of Indian Studies and Manohar.

Morrison, K. (2013). *The human face of the land: Why the past matters for India's environmental future.* Occasional Papers, History and Society Series, 27. New Delhi: Nehru Memorial Museum and Library.

Morrison, K. (2015). Provincializing the anthropocene. [Online] Nature and History: A Symposium on Human–Environment Relations in the Long Term: www.india-seminar.com/2015/673/673_kathleen_morrison.htm.

Morton, T. (2013). *Hyperobjects: Philosophy and ecology after the end of the world.* Minneapolis: University of Minnesota Press.

Morton, T. (2018). The hurricane in my backyard. *The Atlantic*: www.theat-lantic.com/technology/archive/2018/07/the-hurricane-in-my-backyard/ 564554.

Muir, D. C. G. and Rose, N. L. (2007). Persistent organic pollutants in the sediments of Lochnagar. In N. L. Rose, ed., *Lochnagar: The natural history of a mountain lake*, Developments in Paleoenvironmental Research, 12. Dordrecht: Springer, pp. 375–402.

Muller, J. (2018). *The tyranny of metrics.* Princeton University Press.

Murtaugh, P. and Schlax, M. (2009). Reproduction and the carbon legacies of individuals. *Global Environmental Change*, 19, pp. 14–20.

National Institutes of Health. (2012). NIH Human Microbiome Project defines normal bacterial makeup of the body. June 13: www.nih.gov/ news/health/jun2012/nhgri-13.htm.

National Research Council. (1986). *Earth System science: Overview:A program for global change*.Washington, DC: The National Academies Press, p. 19: https://doi.org/10.17226/19210.

Nerem, R. S., Beckley, B. D., Fasullo, J. T., et al. (2018). Climate-changedriven accelerated sea level rise detected in the altimeter era. *Proceedings of the National Academy of Sciences of the United States of America*, 115, pp. 2022–2025.

Neukom, R., Steiger, N., Gómez-Navarro, J. J., Wang, J., and Werner, J. (2019). No evidence for globally warm and cold periods over the preindustrial Common Era. *Nature*, 571, pp. 550–554.

Nicholson, S. (2013). The promises and perils of geoengineering. In Worldwatch Institute, ed., *Is sustainability still possible? State of the world 2013*. Washington, DC: Island Press, pp. 317–331.

Nicholson, S. and Jinnah, S., eds. (2016). *New earth politics: Essays from the Anthropocene*. Cambridge, Mass.: The MIT Press.

Nickel, E. H. and Grice, J. D. (1998). The IMA Commission on New Minerals and Mineral Names: Procedures and guidelines on mineral nomenclature. *Canadian Mineralogist*, 36, pp. 913–926.

Nilon, C. H., Aronson, M. F. J., Cilliers, S. S., et al. (2017). Planning for the future of urban biodiversity: A global review of city-scale initiatives. *BioScience*, 67, pp. 332–342.

NOAA (n.d.). Climate forcing. NOAA.gov: www.climate.gov/maps-data/ primer/climate-forcing.

Nordhaus, T. and Shellenberger, M. (2007). *Break through: From the death of environmentalism to the politics of possibility*. Boston: Houghton Mifflin.

Norgaard, R. (2010). Ecosystem services: From eye-opening metaphor to complexity blinder. *Ecological Economics*, 69, pp. 1219–1227.

Norgaard, R. (2013). The Econocene and the delta. *San Francisco Estuary and Watershed Science*, 11.

North–South: A programme for survival (a.k.a. The Brandt Report) (1980): www.sharing.org/ information-centre/reports/brandt-report-summary.

Northcott, M. (2014). *A political theology of climate change*. Grand Rapids: William B. Eerdman Publishing Company.

Och, L. M. and Shields-Zhou, G. A. (2012). The Neoproterozoic oxygenation event: environmental perturbations and biogeochemical cycling. *Earth-Science Reviews*, 110, pp. 26–57.

Oliveira, I. de S., Read, V. M. St. J., and Mayer, G. (2012). A world checklist of Onychophora (velvet worms), with notes on nomenclature and status of names. *ZooKeys*, 211, pp. 1–70.

O'Neil, C. (2016). *Weapons of math destruction: How big data increases inequality and threatens democracy*. New York: Crown Publishers.

O'Neill, D. (2015). The proximity of nations to a socially sustainable steadystate economy. *Journal of Cleaner Production*, 108, pp. 1213–1231.

Oreskes, N. (2004). The scientific consensus on climate change. *Science*, 306, p. 1686.

Oreskes, N. (2019). *Why trust science?* Princeton University Press.

Oreskes, N. and Conway, E. (2010). *Merchants of doubt: How a handful of scientists obscured the truth on issues from tobacco smoke to global warming*. London: Bloomsbury Press.

Oreskes, N. and Conway, E. (2014). *The collapse of Western civilization*. New York: Columbia University Press.

Orr, D. (2013). Governance in the long emergency. In Worldwatch Institute, ed., *Is sustainability still possible? State of the world 2013*. Washington, DC: Island Press, pp. 279–291.

Orr, D. (2016). *Dangerous years: Climate change, the long emergency, and the way forward*. New Haven: Yale University Press.

Orr, J. C., Fabry, V. J., Aumont, O., et al. (2005). Anthropogenic ocean acidification over the twenty-first century and its impact on calcifying organisms. *Nature*, 437, pp. 681–686.

Ortiz, I. and Cummins, M. (2011). *Global inequality: Beyond the bottom billion – a rapid review of income distribution in 141 countries*. UNICEF Social and Economic Policy Working Paper. New York: UNICEF: www. childimpact.unicef-irc.org/documents/view/id/120/lang/en.

Ostrom, E. (1999). Revisiting the commons: Local lessons, global challenges. *Science*, 284, pp. 278–282.

Ottoni, C., Van Neer, W., and Geigl, E.-M. (2017). The palaeogenetics of cat dispersal in the ancient world. *Nature Ecology & Evolution*, 1, p. 0139(2017).

Parker, G. (2013). *Global crisis: War, Climate change, and catastrophe in the seventeenth century*. New Haven: Yale University Press.

Pauly, D. (2010). *5 easy pieces: The impact of fisheries on marine systems*. Washington, DC: Island Press.

Piketty, T. (2014). *Capital in the twenty-first century*. Cambridge, Mass.: Belknap / Harvard University Press.

Pilling, D. (2018). *The growth delusion*. London: Bloomsbury.

Plastic Oceans International. (2019). Who we are: https://plasticoceans.org/ who-we-are.

Pope, K. (2019). Feeding 10 billion people by 2050 in a warming world. *Yale Climate Connections*: www.yaleclimateconnections.org/2019/02/ warmer-world-more-hungry-people-big-challenges.

Povinelli, E. (2016). *Geontologies: A requiem to late liberalism*. Durham: Duke University Press.

Powell, C. (2013).The possible parallel universe of dark matter. *Discover* (July/ August): http://discovermagazine.com/2013/julyaug/21-the-possible- parallel-universe-of-dark-matter.

Price, S. J., Ford, J. R., Cooper, A. H., and Neal, C. (2011). Humans as major geological and geomorphological agents in the Anthropocene: The significance of artificial ground in Great Britain. In M. Williams, J. A. Zalasiewicz, A. Haywood, and M. Ellis, eds., *The Anthropocene: A new epoch of geological time. Philosophical Transactions of the Royal Society (Series A)*, 369, pp. 1056–1084.

Prugh, T., Costanza, R., Cumberland, J., Daly, H., Goodland, R., and Noorgard, R. (1999). *Natural capital and human economic survival* (2nd edn.). Boca Raton, Fla.: Lewis Publishers.

Rasmussen, L. (2013). *Earth-honoring faith: Religious ethics in a new key*. New York: Oxford

University Press.

Raworth, K. (2017). *Doughnut economics: Seven ways to think like a 21st century economist.* White River Junction, Vt.: Chelsea Green Publishing.

Rees, M. (2003). *Our final hour: A scientist's warning. How terror, error, and environmental disaster threaten humankind's future in this century – on earth and beyond.* New York: Basic Books.

Resplandy, I., Keeling, R. F., Eddebbar, Y., et al. (2018). Quantification of ocean heat uptake from changes in atmospheric O_2 and CO_2 composition. *Nature*, 563, pp. 105–108.

Revkin, A. C. (1992). *Global warming: Understanding the forecast.* New York: Abbeville Press.

Richter, D., Grün, R., Joannes-Boyau, R., et al. (2017). The age of the hominin fossils from Jbel Irhoud, Morocco, and the origins of the Middle Stone Age. *Nature*, 546, pp. 293–296.

Ridley, M. (2010). *The rational optimist: How prosperity evolves.* New York: Harper Collins.

Riginos, C., Karande, M. A., Rubenstein, D. I., and Palmer, T. M. (2015). Disruption of protective ant–plant mutualism by an invasive ant increases elephant damage to savannah trees. *Ecology*, 96, pp. 554–661: https://doi.org/10.1890/14-1348.1.

Robert, F. and Chaussidon, M. (2006). A palaeotemperature curve for the Precambrian oceans based on silicon isotopes in cherts. *Nature*, 443, pp. 969–972.

Robin, L. (2008). The eco-humanities as literature: A new genre? *Australian Literary Studies*, 23, pp. 290–304.

Rocha, J. C, Peterson, G., Bodin, O. and Levin, S. (2018). Cascading regime shifts within and across scales. *Science,* 362, pp. 1379–1383.

Roebroeks, W. and Villa, P. (2011). On the earliest evidence for habitual use of fire in Europe. *Proceedings of the National Academy of Sciences of the United States of America*, 108, pp. 5209–5214.

Rose, N. L. (2015). Spheroidal carbonaceous fly-ash particles provide a globally synchronous stratigraphic marker for the Anthropocene. *Environmental Science & Technology*, 49, pp. 4155–4162.

Ross, C. (2017). Developing the rain forest: Rubber, environment and economy in Southeast Asia. In G. Austin, ed., *Economic development and environmental history in the Anthropocene: Perspectives on Asia and Africa*. London: Bloomsbury, pp. 199–218.

Rothkopf, D. (2012). *Power, Inc.: The epic rivalry between big business and government.* New York: Farrar, Straus, and Giroux.

Royal Society. (2009). *Geoengineering the climate: Science, governance and uncertainty.* London: The Royal Society, Science Policy: https://royalsociety.org/topics-policy/publications/2009/geoengineering-climate.

Ruddiman, W. F. (2003). The anthropogenic Greenhouse Era began thousands of years ago. *Climatic Change*, 61, pp. 261–293.

Ruddiman, W. F. (2013). Anthropocene. *Annual Review of Earth and Planetary Sciences*, 41, pp. 45–68.

Ruddiman, W. F., Ellis, E. C., Kaplan, J. O., and Fuller, D. Q. (2015). Defining the epoch we live in. *Science*, 348, pp. 38–39.

Rudwick, M. J. S. (2016). *Earth's deep history: How it was discovered and why it matters.* University of Chicago Press.

Rule, S., Brook, B., Haberle, S., Turney, C., Kershaw, A., and Johnson, C. (2012). The aftermath of megafaunal extinction: Ecosystem transformation in Pleistocene Australia. *Science*, 335, pp. 1483–1486.

Sachs, J. (2015). *The age of sustainable development.* New York: Columbia University Press.

Samways, M. (1999). Translocating fauna to foreign lands: Here comes the Homogenocene. *Journal of Insect Conservation*, 3, pp. 65–66.

Schor, J. (1998). *The overspent American: Upscaling, downshifting, and the new consumer.* New York: Basic Books.

Schor, J. (2010). *Plenitude: The new economics of true wealth.* New York: Penguin Press.

Schumacher, E. (1973). *Small is beautiful: Economics as if people mattered.* New York: Harper & Row.

Schwägerl, C. (2013). Neurogeology:The Anthropocene's inspirational power. In H. Trischler, ed., *Anthropocene: Exploring the future of the age of humans. RCC Perspectives:Transformations in Environment and Society*, 3, pp. 29–37.

Scranton, R. (2013). Learning how to die in the Anthropocene. *The New York Times*: https:// opinionator.blogs.nytimes.com/2013/11/10/learning- how-to-die-in-the-anthropocene.

Scranton, R. (2015). *Learning to die in the anthropocene: Reflections on the end of a civilization.* San Francisco: City Lights Books.

Scranton, R. (2018). *We're doomed. Now what?* New York: Soho Press.

Sen, I. S. and Peuckner-Ehrenbrink, B. (2012). Anthropogenic disturbance of element cycles at the Earth's surface. *Environmental Science and Technology*, 46, pp. 8601–8609.

Share the World's Resources. (2006). The Brandt Report: A Summary. Share the World's Resources: www.sharing.org/information-centre/reports/ brandt-report-summary.

Shellenberger, M. and Nordhaus,T. (2005).The death of environmentalism: Global warming politics in a post-environmental world. *Grist*: https:// grist.org/article/doe-reprint.

Sherlock, R. L. (1922). *Man as a geological agent: An account of his action on inanimate nature.* London: H. F. & G. Witherby.

Shiva, V. (2008). *Soil not oil: Environmental justice in an age of climate crisis.* Brooklyn: South End Press.

Shorrocks, A., Davies, J., and Lluberas, R. (2018). *GlobalWealth Report 2018.* Zurich: Credit Suisse Research Institute, Credit Suisse AG Group: www.credit-suisse.com/about-us-news/en/articles/ news-and-expertise/ global-wealth-report-2018-us-and-china-in-the-lead-201810.html.

Sideris, L. (2016). Anthropocene convergences: A report from the field. In R. Emmett, ed., *Whose Anthropocene? Revisiting Dipesh Chakrabarty's "Four theses." RCC Perspectives:*

Transformations in Environment and Society, 2, pp. 89–96.

Skidelsky, R. (2009). *Keynes: The return of the master*. New York: Public Affairs.

Skinner, L. C., Fallon, S., Waelbroeck, C., et al. (2010). Ventilation of the deep Southern Ocean and deglacial CO_2 rise. *Science*, 328, pp. 1147–1151.

Smail, D. L. (2008). *On deep history and the brain*. Berkeley: University of California Press.

Smil, V. (2011). Harvesting the biosphere: The human impact. *Population and Development Review*, 37, pp. 613–636.

Smit, M. A. and Mezger, K. (2017) Earth's early O_2 cycle suppressed by primitive continents. *Nature Geoscience*, 10, pp. 788–792.

Smith, F., Elliott Smith, R., Lyons, S., and Payne, J. (2018). Body size downgrading of mammals over the late Quaternary. *Science*, 360, pp. 310–313.

Snir, A., Nadel, D., Groman-Yaroslavski, I., et al. (2015). The origin of cultivation and proto-weeds, long before Neolithic farming. *PLoS ONE*, 10, p. e0131422: https://doi.org/10.1371/journal. pone.0131422.

Söderbaum, P. (2000). *Ecological economics: A political economics approach to environment and development*. London: Earthscan.

Solnit, R. (2004). *Hope in the dark: Untold histories, wild possibilities*. New York: Nation Books.

Solnit, R. (2007). *Storming the gates of paradise: Landscapes for politics*. Berkeley: University of California Press.

Solnit, R. (2010). *A paradise built in hell: The extraordinary communities that arise in disaster*. New York: Penguin Books.

Solow, R. (1974).The economics of resources or the resources of economics. *The American Economic Review*, 64, pp. 1–14.

Soo, R. M., Hemp, J., Parks, D. H., Fischer, W. W., and Hugenholtz, P. (2017). On the origins of oxygenic photosynthesis and aerobic respiration in cyanobacteria. *Science*, 355, pp. 1436–1440.

Sörlin, S. (2013). Reconfiguring environmental expertise. *Environmental Science & Policy*, 28, pp. 14–24.

Sosa-Bartuano, Á., Monge-Nájera, J., and Morera-Brenes, B. (2018). A proposed solution to the species problem in velvet worm conservation (Onychophora). *UNED Research Journal*, 10, pp. 193–197.

Stager, C. (2012). *Deep future: The next 10,000 years of life on Earth*. New York: Thomas Dunne Books.

Statista. (2018). www.statista.com/statistics/268750/global-gross-domestic- product-gdp.

Steffen, W., Sanderson, A., Tyson, P. D., et al. (2004). *Global change and the Earth System: A planet under pressure*. The IGBP Book Series. Berlin, Heidelberg, and New York: Springer-Verlag.

Steffen, W., Crutzen, P. J., and McNeill, J. R. (2007). The Anthropocene: Are humans now overwhelming the great forces of Nature? *Ambio,* 36, pp. 614–621.

Steffen, W., Broadgate, W., Deutsch, L., et al. (2015a). The trajectory of the Anthropocene: The Great

Acceleration. *Anthropocene Review*, 2, pp. 81–98.

Steffen, W., Richardson, K., Rockström, J., et al. (2015b). Planetary boundaries: Guiding human development on a changing planet, *Science*, 347, p. 6223.

Steffen, W., Leinfelder, R., Zalasiewicz, J., et al. (2016). Stratigraphic and Earth System approaches in defining the Anthropocene. *Earth's Future*, 4, pp. 324–345.

Steffen, W., Rockström, J., Richardson, K., et al. (2018). Trajectories of the Earth System in the Anthropocene. *Proceedings of the National Academy of Sciences of the United States of America*, 115, pp. 8252–8259.

Steffen, W., Richardson, K., Rockström, J., et al. (2020). The emergence and evolution of Earth System science. *Nature*, 1, pp. 54–63.

Steinberg, T. (2010). Can capitalism save the planet? On the origins of Green Liberalism. *Radical History Review*, 2010, pp. 7–24.

Stoppani, A. (1873). *Corso di geologia*, vol. II: *Geologia stratigrafica*. Milan: G. Bernardonie G. Brigola.

Storm, S. (2017). How the invisible hand is supposed to adjust the natural thermostat: A guide for the perplexed. *Science and Engineering Ethics*, 23, pp. 1307–1331.

Strathern, M. (1991). *Partial connections* (updated edn.) Savage, Md.: Rowman and Littlefield.

Subramanian, A. (2017). Whales and climate change: Our gentle giants are natural CO_2 regulators. [Blog] Heirs to Our Oceans: https://h2oo.org/blog-collection/2018/1/27/wzgb1wsr1k2uwpcjv dohk83zydc7pr.

Suess, E. (1875). *Die Enstehung der Alpen*. Vienna: W. Braumüller.

Suess, E. (1885–1909). *Das Antlitz der Erde*, vol. II (Vienna: F. Tempsky, 1888).

Summerhayes, C. P. (2020). *Palaeoclimatology: from Snowball Earth to the Anthropocene*. Chichester: Wiley.

Swindles, G. T., Watson, E., Turner, T. E., et al. (2015). Spheroidal carbonaceous particles are a defining stratigraphic marker for the Anthropocene. *Scientific Reports*, 5, p. 10264, DOI: 10210.11038/srep10264.

Syvitski, J. P. M., Kettner, A. J., Overeem, I., et al. (2009). Sinking deltas due to human activities. *Nature Geoscience*, 2, pp. 681–689.

Terrington, R. L., Silva, É. C. N., Waters, C. N., Smith, H., and Thorpe, S. (2018). Quantifying anthropogenic modification of the shallow geosphere in central London, UK. *Geomorphology*, 319, pp. 15–34.

Thomas, J. A. (2001). *Reconfiguring modernity: Concepts of nature in Japanese political ideology*. Berkeley and Los Angeles: University of California Press.

Thomas, J. A. (2010). The exquisite corpses of nature and history: The case of the Korean DMZ. In C. Pearson, P. Coates and T. Cole, eds., *Militarized landscapes: From Gettysburg to Salisbury Plain*. London: Continuum, pp. 151–168.

Thomas, J. A. (2014). History and biology in the Anthropocene: Problems of scale, problems of value.

American Historical Review, 119, pp. 1587–1607.

Thomas, J. A. (2015). Who is the "we" endangered by climate change? In F. Vidal and N. Diaz, eds., *Endangerment, biodiversity and culture*. London: Routledge, pp. 241–260.

Tilman, D. and Clark, M. (2014). Global diets link environmental sustainability and human health. *Nature*, 515, pp. 518–522.

Trenberth, K. E., Cheng, L., Jacobs, P., et al. (2018). Hurrican Harvey links ocean heat content and climate change adaptation. *Earth's Future*, DOI: 10.1029/2018EF000825.

Tsing, A. (2005). *Friction: An ethnography of global connection*. Princeton University Press.

Tsing, A. (2012). On nonscalability: The living world is not amenable to precision-nested scales. *Common Knowledge*, 18, pp. 505–524.

Tsing, A. (2015). *The mushroom at the end of the world*. Princeton University Press.

Tsing, A., Swanson, H., Gan, E., and Bubandt, N. (2017). *Arts of living on a damaged planet: Ghosts and monsters of the Anthropocene*. Minneapolis: University of Minnesota Press.

Tu, W. (1998). Beyond the Enlightenment mentality. In M. Tucker and J. Berthrong, eds., *Confucianism and ecology: The interrelation of heaven, earth, and humans*. Cambridge, Mass.: Harvard University Center for the Study of World Religions, pp. 3–22.

United Nations, Department of Economic and Social Affairs, Population Division. (2017). *World population prospects: The 2017 revision*. New York: United Nations: www.un.org/development/ desa/publications/ world-population-prospects-the-2017-revision.html.

United Nations News. (2018). Hunger reached "alarming" ten-year high in 2017, according to latest UN report. UN News: https://news.un.org/en/ story/2018/09/1019002.

United Nations, Climate Change. (2019). Revenue-neutral carbon tax: Canada: https://unfccc.int/ climate-action/momentum-for-change/financing-for-climate-friendly/revenue-neutral-carbon-tax.

US Bureau of Economic Analysis: www.multpl.com/us-gdp-inflation adjusted/table.

US Global Change Research Program. (2018). *Impacts, risks, and adaptation in the United States: The Fourth National Climate Assessment*, vol. II. [Ed. D. R. Reidmiller, C. W. Avery, D. R. Easterling, et al.]. Washington, DC: US Global Change Research Program.

US National Oceanic and Atmospheric Administration (NOAA) (n.d.). Climate forcing. Climate.gov: www.climate.gov/maps-data/primer/climate-forcing.

Vadrot, A., Akhtar-Schuster, M., and Watson, R. (2018). The social sciences and the humanities in the intergovernmental science-policy platform on biodiversity and ecosystem services (IPBES). *Innovation: The European Journal of Social Science Research*, 31(Supplement 1), pp. S1–S9.

van der Kaars, S., Miller, G., Turney, C., et al. (2017). Humans rather than climate the primary cause of Pleistocene megafaunal extinction in Australia. *Nature Communications*, 8(1).

Varoufakis, Y. (2016). *And the weak suffer what they must?* London: Vintage. Vernadsky, V. I. (1998 [1926]). *The biosphere*. Trans. from the Russian by D. R. Langmuir, revised and annotated by M. A. S. McMenamin. New York: Copernicus (Springer-Verlag).

Vernadsky, V. I. (1945).The biosphere and the noosphere. *American Scientist*, 33, pp. 1–12

.Vernadsky, V. I. (1997). *Scientific thought as a planetary phenomenon*. Trans. B. A.Starostin. Moscow: Nongovernmental Ecological V. I. Vernadsky Foundation: http://vernadsky.name/wp-content/ uploads/2013/02/ Scientific-thought-as-a-planetary-phenomenon-V.I2.pdf.

Vidas, D. (2015). The Earth in the Anthropocene – and the world in the Holocene? *European Society of International Law (ESIL) Reflections*, 4(6), pp. 1–7.

Vidas, D., Zalasiewicz, J., and Williams, M. (2015).What is the Anthropocene – and why is it relevant for international law? *Yearbook of International Environmental Law*, 25, pp. 3–23.

Villmoare, B., Kimbel, W. H., Seyoum, C., et al. (2015). Early *Homo* at 2.8 ma from Ledi-Geraru, Afar, Ethiopia. *Science*, 347, pp. 1352–1355.

Visscher, M. (2015a). Green in the new green. *The Intelligent Optimist*, 13, pp. 64–68.

Visscher, M. (2015b).We can have it all. *The Intelligent Optimist*, 13, pp. 69–73.

Vogel, G.(2018). How ancient humans survived global "volcanic winter" from massive eruption. *Science*: www.sciencemag.org/news/2018/03/how-ancient-humans-survived-global-volcanic-winter-mas -sive-eruption.

Vollrath, D. (2020). *Fully grown:Why a stagnant economy is a sign of success.* University of Chicago Press.

Voosen, P. (2017). 2.7-million-year-old ice opens window on the past. *Science*, 357, pp. 630–631.

Wagreich, M. and Draganits, E. (2018). Early mining and smelting lead anomalies in geological archives as potential stratigraphic markers for the base of an early Anthropocene. *The Anthropocene Review*, 5, pp. 177–201.

Walker, J. C. G., Hays, P. B., and Kasting, J. (1981). A negative feedback mechanism for the long-term stabilization of Earth's surface temperature. *Journal of Geophysical Research*, 86, pp. 9776–9782.

Walker, M. J. C., Johnsen, S., Rasmussen, S., et al. (2009). Formal definition and dating of the GSSP (Global Stratotype Section and Point) for the base of the Holocene using the Greenland NGRIP ice core, and selected auxiliary records. *Journal of Quaternary Science*, 24, pp. 3–17.

Walker, M. J. C., Berkelhammer, M., Björck, S., et al. (2012). Formal subdivision of the Holocene Series/Epoch: A discussion paper by a working group of INTIMATE (Integration of ice-core, marine and terrestrial records) and the Subcommission on Quaternary Stratigraphy (International Commission on Stratigraphy). *Journal of Quaternary Science*, 27, pp. 649–659.

Warde, P., Robin, L., and Sörlin, S. (2017). Stratigraphy for the Renaissance: Questions of expertise for "the environment" and "the Anthropocene." *Anthropocene Review*, 4, pp. 246–258.

Waters, C. N. and Zalasiewicz, J. (2017). Concrete: The most abundant novel rock type of the Anthropocene. In D. DellaSala (ed.), *Encyclopedia of the Anthropocene*. Oxford: Elsevier.

Waters, C. N., Syvitski, J. P. M., Gałuszka, A., et al. (2015). Can nuclear weapons fallout mark the beginning of the Anthropocene Epoch? *Bulletin of the Atomic Scientists*, 71, pp. 46–57.

Waters, C. N., Zalasiewicz, J., Summerhayes C., et al. (2016). The Anthropocene is functionally and stratigraphically distinct from the Holocene. *Science*, 351, p. 137.

Waters, C. N., Zalasiewicz, J., Summerhayes, C., et al. (2018a). Global Boundary Stratotype Section and Point (GSSP) for the Anthropocene Series: Where and how to look for potential candidates. *Earth-Science Reviews*, 178, pp. 379–429.

Waters, C. N., Fairchild, I. J., McCarthy, F. M. G., Turney, C. S. M., Zalasiewicz, J., and Williams, M. (2018b). How to date natural archives of the Anthropocene. *Geology Today*, 34, pp. 182–187.

Watts, J. (2018). Almost four environmental defenders a week killed in 2017. *The Guardian*: www.theguardian.com/environment/2018/feb/02/almost-four-environmental-defenders-a-week-killed-in-2017.

Weber, M. (1958 [1905]). *The Protestant ethic and the spirit of capitalism*. New York: Scribner.

Weller, R. (2006). *Discovering nature: Globalization and environmental culture in China and Taiwan*. Cambridge University Press.

Wellman, C. H. and Gray, J. (2002). The microfossil record of early land plants. *Philosophical Transactions of the Royal Society B*, 355, pp. 717–732.

Wilkinson, B. (2005). Humans as geologic agents: A deep-time perspective. *Geology*, 33, pp. 161–164.

Wilkinson, R. and Pickett, K. (2009). *The spirit level: Why greater equality makes societies stronger*. New York: Bloomsbury Press.

Wilkinson, T. (2003). *Archaeological landscapes of the Near East*. Tucson: University of Arizona Press.

Wilkinson, T., French, C., Ur, J., and Semple, M. (2010). The geoarchaeology of route systems in northern Syria. *Geoarchaeology*, 25, pp. 745–771.

Williams, M., Ambrose, S., van der Kaars, S., et al. (2009). Environmental impact of the 73ka Toba super-eruption in South Asia. *Palaeogeography, Palaeoclimatology, Palaeoecology*, 284, pp. 295–314.

Williams, M., Zalasiewicz, J., Waters, C. N., and Landing, E. (2014). Is the fossil record of complex animal behaviour a stratigraphical analogue for the Anthropocene? In C. N. Waters, J. A. Zalasiewicz, M. Williams, et al., eds., *A stratigraphical basis for the Anthropocene*. Special Publications, 395. London: Geological Society, pp. 143–148.

Williams, M., Zalasiewicz, J.,Waters, C. N., et al. (2016).The Anthropocene: a conspicuous stratigraphical signal of anthropogenic changes in production and consumption across the biosphere. *Earth's Future*, 4, pp. 34–53.

Williams, M., Zalasiewicz, J., Waters, C., et al. (2018). The palaeontological record of the Anthropocene. *Geology Today*, 34, pp. 188–193.

Williams, M., Edgeworth, M., Zalasiewicz, J., et al. (2019). Underground metro systems: A durable geological proxy of rapid urban population growth and energy consumption during the Anthropocene. In C. Benjamin, E. Quaedackers, and D. Baker, eds., *The Routledge companion to big history*. London and New York: Routledge, pp. 434–455.

Wilson, E. (1998). *Consilience: The unity of knowledge*. New York: Alfred A. Knopf.

Witt, A. B. R., Kiambi, S., Beale, T., and Van Wilgen, B. W. (2017). A preliminary assessment of the extent and potential impacts of alien plant invasions in the Serengeti–Mara ecosystem, East Africa. *Koedoe*, 59, p. a1426: https://doi.org/10.4102/koedoe. v59i1.1426.

Wolfe, A. P., Hobbs, W. O., Birks, H. H., et al. (2013). Stratigraphic expressions of the Holocene–Anthropocene transition revealed in sediments from remote lakes. *Earth-Science Reviews*, 116, pp. 17–34.

Wolff, E. W. (2014). Ice sheets and the Anthropocene. In C. N. Waters, J. A. Zalasiewicz, M. Williams, et al., eds., *A stratigraphical basis for the Anthropocene*. Special Publications, 395. London: Geological Society, pp. 255–263.

Working Group on the "Anthropocene," Subcommission on Quaternary Stratigraphy. (2019). Results of binding vote by AWG: http://quaternary. stratigraphy.org/working-groups/anthropocene.

World Bank. (2018). Gross Domestic Product for world [MKTGDP1WA646NWDB]. Retrieved from FRED, Federal Reserve Bank of St. Louis: https://fred.stlouisfed.org/series/MKTGDP1WA646 NWDB.

World Bank. (2019).Fertility rate,total (births per woman) – Sub-SaharanAfrica: https://data. worldbank.org/indicator/SP.DYN.TFRT.IN?locations=ZG.

Wrangham, R. (2009). *Catching fire: How cooking made us human*. London: Profile Books.

WWF. (2000). *Living planet report 2000*. Gland, Switzerland: WWF–World Wide Fund for Nature(formerly World Wildlife Fund):https://wwf.panda.org/knowledge_hub/all_publications/ living_planet_report_timeline/ lpr_2000.

WWF. (2016). *Living planet report 2016: Risk and resilience in a new era*. Gland, Switzerland: WWF–World Wild Fund for Nature (formerly World Wildlife Fund): https://wwf.panda.org/ wwf_news/?282370/ Living-Planet-Report-2016.

Wynes, S. and Nicholas, K. (2017). The climate mitigation gap: Education and government recommendations miss the most effective individual actions. *Environmental Research Letters*, 12, p. 074024.

Xu, C., Kohler, T. A., Lenton, T. M., Svenning, J. C., and Scheffer, M. (2020). Future of the human climate niche. *Proceedings of the National Academy of Sciences of the United States of America*: www.pnas.org/cgi/ doi/10.1073/pnas.1910114117.

Yamamura, K. (2018). *Too much stuff: Capitalism in crisis*. Bristol: Policy Press.

Yost, C., Jackson, L., Stone, J., and Cohen, A. (2018). Subdecadal phytolith and charcoal records from Lake Malawi, East Africa imply minimal effects on human evolution from the 74 ka Toba supereruption. *Journal of Human Evolution*, 116, pp. 75–94.

Zalasiewicz, J. (2018).The unbearable burden of the technosphere. *UNESCO Courier*, April–June, pp. 15–17.

Zalasiewicz, J. and Williams, M. (2013). The Anthropocene: A comparison with the Ordovician–Silurian boundary. *Rendiconti Lincei – Scienze Fisiche e Naturali*, 25, pp. 5–12.

Zalasiewicz, J., Williams, M., Smith, A., et al. (2008). Are we now living in the Anthropocene? *GSA*

Today, 18, pp. 4–8.

Zalasiewicz, J., Cita, M. B., Hilgen, F., et al. (2013). Chronostratigraphy and geochronology: A proposed realignment. *GSA Today*, 23, pp. 4–8.

Zalasiewicz, J.,Waters, C. N., and Williams, M.(2014a). Human bioturbation, and the subterranean landscape of the Anthropocene. *Anthropocene*, 6, pp. 3–9.

Zalasiewicz, J., Williams, M., Waters, C. N., et al. (2014b). The technofossil record of humans. *Anthropocene Review*, 1, pp. 34–43.

Zalasiewicz, J., Waters, C. N., Barnosky, A. D., et al. (2015a). Colonization of the Americas, "Little Ice Age" climate, and bomb-produced carbon: Their role in defining the Anthropocene. *Anthropocene Review*, 2, pp. 117–127.

Zalasiewicz, J., Waters, C., Williams, M., et al. (2015b). When did the Anthropocene begin? A mid-twentieth century boundary level is stratigraphically optimal. *Quaternary International*, 383, pp. 196–203.

Zalasiewicz, J., Waters, C. N., Ivar do Sul, J., et al. (2016a). The geological cycle of plastics and their use as a stratigraphic indicator of the Anthropocene. *Anthropocene*, 13, pp. 4–17.

Zalasiewicz, J.,Williams, M.,Waters, C. N., et al. (2016b). Scale and diversity of the physical technosphere: A geological perspective. *Anthropocene Review*, 4, pp. 9–22.

Zalasiewicz, J., Waters, C. N., Summerhayes, C. P., et al. (2017a). The Working Group on the Anthropocene: Summary of evidence and interim recommendations. *Anthropocene*, 19, pp. 55–60.

Zalasiewicz, J., Waters, C. N., Wolfe, A. P., et al. (2017b). Making the case for a formal Anthropocene: An analysis of ongoing critiques. *Newsletters on Stratigraphy*, 50, pp. 205–226.

Zalasiewicz, J., Steffen, W., Leinfelder, R., et al. (2017c). Petrifying Earth process: The stratigraphic imprint of key Earth System parameters in the Anthropocene. In N. Clark and K. Yusoff, eds., *Theory Culture & Society, Special Issue: Geosocial Formations and the Anthropocene*, 34, pp. 83–104.

Zalasiewicz, J., Waters, C. N., Head, M. J., et al. (2019a). A formal Anthropocene is compatible with but distinct from its diachronous anthropogenic counterparts: a response to W. F. Ruddiman's "Three flaws in defining a formal Anthropocene." *Progress in Physical Geography*, 43, pp. 319–333.

Zalasiewicz, J.,Waters, C.,Williams, M., and Summerhayes, C., eds. (2019b). *The Anthropocene as a geological time unit*. Cambridge University Press.

Zanna, L., Khatiwala, S., Gregory, J. M., et al. (2019). Global reconstruction of historical ocean heat storage and transport. *Proceedings of the National Academy of Sciences of the United States of America*, 116, pp. 1126–1131.

Zehner, O. (2012). *Green illusions: The dirty secrets of green energy and the future of environmentalism.* Lincoln: University of Nebraska Press.

Zelizer,V. (2007). Pricing a child's life. [Blog] *Huffington Post*: www.huffpost. com/entry/pricing-a-childs-life_b_63381.